いぬからのお願い

わたしたち、こんな言葉を待ってます

アニマルコミュニケーター Rumie
中川恵美子

青春出版社

わんこにだって意思がある!
ある保護犬 幸せまでのストーリー
私はソフィア トイプードルの女の子
こんにちは!
2年間死産《しざん》ばかりでブリーダーさんから放棄《ほうき》されました
ポイッ
預かりボランティア ← Tさん
今は預《あず》かりボランティアのTさんの家で暮らしています。
ソフィアちゃんは若くてかわいいからすぐに家族が見つかるわよ
Tさんはとってもやさしい♡
里親希望
・Aさん
・Bさん
・Cさん
ウーン…
Aさん Bさん Cさん どれもいい!
そうだ! こんな時は恵美子さんに相談してみよう
恵美子さん! ソフィアちゃんはどんな家に行きたいのかな?
ハーーイ! アニマルコミュニケーターの中川恵美子です

こんにちは
こんにちは
あれ？この人と話せるワン
彼女の犬生《けんせい》がかかっている、大切なアニマルコミュニケーション
ソフィアちゃんのこと教えてくれる？
あのね、私っていい子でしょ？かわいいでしょ？行儀いいでしょ？おとなしいでしょ？ね？ね？ね？ね？
ん？
なんか怪しいなぁ
じーっ
かくさなくていいんだよ
えっ！バレてる!?ほんとはね…

公園で
ボールあそび
パパさんに
甘がみしたい
かわいい服
着てお散歩
ママさんに
ギューってされたい
名前はこのままがいいな
フムフム
ん？
お！
これは…
なんと条件《じょうけん》ピッタリの家が
3つのうちの1つ…！
ソフィアちゃん
よかったね
ぎゅっ
私に家族が
できることに
なりました

新しいお家《うち》へ
私が夢みた私の家族…
よろしくお願いします
お留守番《るすばん》の時間も長くないの。だから淋《さみ》しくないね
アハハ
ワン！
まるでずーっと前からこの家の家族だったみたい…
お世話になったTさんともお別れ…ありがとう
ソフィアちゃん幸せにね！

そして8か月後
ソフィアちゃんは…
グチャ
グチャ
ジョ〜〜〜
フンッ
ペロペロペロペロ…
たすけて〜
中川さ〜ん
ソフィアちゃんが
おかしい…！
ハイ、
中川です！
どうした？
わ〜ん
中川さ〜ん
聞いて〜
私ね…お留守番が
長くなって淋しかったの。
みんな忙しそうだし…
理由もわからないし、
不安だったの——!!
ご家族に
何か変化でも？
ハイ、
じつは…
ママの仕事場が
遠くなり、ソフィアが
一人で家にいる時間が
長くなっていたの
でした
そうだったのか〜

犬は話せばわかります。だから
人間の家族と同じように声をかけてあげてくださいね
言葉をかけるって大切だと日々痛感しています

「ソフィア、ママ寝るねおやすみ」と言うと、自分からクッションに移動してくれたり…

おはよう！
だいすきだよ♡
ちゃんと聞いてるんだなぁ～と思います

6時には帰るね～
ワン！！
そんなわけで…私はいま、とっても幸せに暮らしているよ
おしまい

はじめに

当たり前のことなのに、つい忘れてしまうことがあります。

わんこにも気持ちや意思がある、ということを。喜んだり、悲しんだり、怖がったりすることを。

それだけじゃありません。わんこは「仔犬の頃に家族で訪れた、あの場所に、またみんなで行きたいな」と思うことだってあるし、好きな服や嫌いなおもちゃだってあります。

私の仕事は「アニマルコミュニケーター」。わんこをはじめとする動物たちのメッセージをご家族（飼い主）にお伝えすることです。

今まで1000頭以上の動物たちと話をしてきましたが、みんなとっても饒舌です。特にママやパパのこととなると「あのね、ママがね…、パパのこういうところがさあ……」と嬉しそうに、目を細めて話してくれます。そして、驚くほど誰よりもあなたのことをよく見ています。

ご家族からのご質問に、ハァ～とため息をつきながら淋しそうに話してくれるわんこや、仔犬を突然連れてきたあなたに怒り、なかばあきれながらも仔犬の世話をかいがいしくしていた優しいわんこもいました。お空に旅立った後も自分の写真の前で泣いている飼い主さんをだれよりも心配していたわんこ……とまぁ、十犬十色。

そんなわんこたちと接するとき、私は、いつも、わんこはきっと、あなた（ご家族）に直接想いを伝えたいのだろうなと痛烈に感じます。

その証拠にアニマルコミュニケーションで受け取ったメッセージを、飼い主さんにお電話で伝えていると、ほとんどの方が「普段は電話をしているときにそばに来ないのに今、膝の上にいるんです！　話をしているのが分かってるのかな？」と驚かれます。

ふふふっ、実はほとんどのわんこが「私の話、ちゃんと聞いている？」「僕の伝えていること分かっているかな？」と言いたげな顔でご家族（あなた）の様子を伺っています。少し照れ屋の子や寝たきりの子も、耳をそばだてて、あなたのことを見ています。

そりゃ、赤の他人の私に託した大切な想いを、あなたがどういう反応で受け取ってくれるのか、気になるのは当たり前ですよね。そんなわんこのあふれ出す想いや言葉を、一緒に暮らしているあなたが受け取らないのは本当にもったいないと思います。

犬の言葉なんて分かるわけがない？　分からなくても大丈夫！

わんこの言葉が分からなくても、あなたの声がけひとつで関係性は激変するからです。

ポイントは、その子が欲しい言葉を、求めるタイミングでかけてあげるだけ。そして、わんこの「行動」にではなく「心」に語りかけるのが大切です。

安心する言葉で、わんこは笑顔になり、その笑顔を見たあなたも心に余裕が持てます。そして家族にも優しくなれます。そうなるとしめたもの！　あなたや家族、わんこ、みんなが穏やかに過ごせるようになれるのは間違いありません。

本書では私がアニマルコミュニケーションを介して受け取った、わんこが欲しがっている言葉をお伝えしたいと思います。

わんこが「あなたの言葉を受け取ってくれた」経験を一度でも体験すると、もはや元のわんこと飼い主の状態に戻れなくなります。言葉を超えて伝わり合う、心が通じ合う、そんな関係になれるからです。それは本当に感動的な体験です。

一人でも多くの人にこの笑顔とハッピーライフを手に入れて欲しいです。

わんことあなたのかけがえのない毎日のために、そして家族みんなの幸せのために、この本がお役に立てば、著者としてこんなにうれしいことはありません。

いぬからのお願い――目次

【第2章】

今日からすぐにできる、基本の言葉がけ

【第3章】

【第4章】

親しき仲にも礼儀あり。わんこにだって気持ちがあります……113

それは、人間と同じだということをお忘れなく

【第5章】

あなたもわんこもハッピーになる、生活習慣 ……143

言葉がけだけでなく、心がけてほしいこと

【第6章】

本文デザイン／黒田志麻　カバー&本文イラスト／たかまつかなえ　企画協力／ブックオリティ

【第1章】

わんことあなたの日常会話

あなたにお願いしたい
10のこと

我が犬とあなたの奇跡の出会いをより良いものにする。

わんこがかけてほしい「奇跡の言葉」5つ

ここでひとつ、温かいストーリー「うれしいよ」をご紹介します。

ご自身のことよりも、15歳になったちい太君のことばかり心配し、優先しているMさん。「あなたのためなんだから……」「なんで食べないの？」が口癖でした。

一生懸命世話をしているのに、ちい太君は表情が暗い……。

「ちい太は、何か言いたいのかな。私のやり方が悪いのかな、ちい太の気持ちが知りたい」と思い悩まれたMさんから、ご連絡がありました。

ここからは私の出番です。

ちい太君とつながった瞬間、彼のMさんに伝えたい想いが、あふれ出てきました。

「ママが分かってくれない……僕……僕は大好きなママと楽しく過ごしたい。愛されて過ごしたい。わくわくして過ごしたいよ。僕は今とってもつらくてしんどい。

だってママは怒ってばっかりだもん。僕をたくさんほめてほしい。ずっと一緒に暮らしてきたママの笑顔と優しい声が大好きなんだ。ママ、また笑ってよ。撫でてよ」

ちい太くんの表情が暗かったのは、Mさんの気持ちと言葉がけが原因でした。ごはんを残すようになったちい太君をついネガティブに捉えてしまって心配したり、行動にイライラしたり、そういう自分の行動や言葉に落ち込んでしまう日々を過ごされていました。Mさんに彼の気持ちをひと言ひと言丁寧にお伝えしました。なぜならMさんの言葉の裏には、ちい太君に少しでも元気に過ごしてもらいたいという愛がたくさんこもっていたからです。同じ言葉をかけるなら「ほめませんか」「自分もうれしくなる言葉で伝えませんか」とお伝えしました。それからのちい太君とMさんの生活がキラキラした時間に変化したのは言うまでもありません。

あなたは、わんこにどんな言葉をかけていますか？　わんこは犬の服を着ていますが、れっきとしたあなたの家族です。

私がわんこから訊いた「かけてほしい言葉」やわんこの気持ちの代表的なものをこれからご紹介したいと思います。

あなたの気持ち
「うれしいよ」「大好きだよ」
「淋しかったよ」など言葉にして
私に伝えてください。

あなたがうれしいと私もうれしい。
あなたが悲しいと私も悲しいのです。

あなたにお願いしたいこと

- 些細なことを気にして心配することをやめる。
- わんこにレッテルを貼るのをやめる（「食が細い、手術前後、臆病な子」…あなたが決めつけて言葉をかけると悪影響が出ます）。
- 「もうシニアか…」と嘆くよりも、シニア期だからこそできる過ごし方で過ごしましょう。
- ネガティブな言葉をポジティブに変換する。「ごはんを今日は少し食べられたね！　私はうれしいよ」「私のためにクスリを飲んでくれてありがとう」など、自分の気持ちを「伝える」意識をしてください。そうすればあなた自身の気持ちも楽になります。
- わんこはママが喜んでいると分かると、やりがいを感じ、前向きに過ごせるようになります。

こんな方に話しかけてほしい――「環境と状況」

- シニア犬、闘病中、身体が不自由なわんこのご家族
- 初めてわんこを迎えた方
- 愛しい存在であるわんこの一挙一動が、いつも気になる方
- 心配だからと思ってついつい構ってしまう方
- 「治らないよ!」「なぜ？　どうして?」「心配…」とついつい声をかけてしまう方
- 寝不足が続いている(看病している)方
- 今の状況をその子が駄々をこねるせいだと決めつけてしまう方
- 笑い声よりもため息が多い方

「何がしたい？」って聞いてほしい。
あなたが聞いてくれる、
それだけでうれしいのです。

あなたにお願いしたいこと

🐾わんこの心に寄り添ってください。

🐾「○○は何をしたいのかな？」「お散歩に行こっか♪」などと話しかけてあげてください。

🐾わんこと何をするのが楽しくウキウキするのかを想像してみてください！

こんな方に話しかけてほしい——「環境と状況」

・わんこを家族と考えている方
・「かわいい〜♪」「ぬいぐるみ、みたーい」「写真撮ろっとぉ〜」など、自分のしたいことや自分の想いだけを伝えている（というか、つぶやいている）方
・その子に感情があるとあまり意識していない方

あなたの友だちやわんこを私に
「○○、この子は○歳の男の子で
△△ちゃんって言うの。
私の友だち□□さんの家族だよ。
仲良くしてね」
などと紹介してください。

私もあなたの友だちと
仲良くなりたいのです。

あなたにお願いしたいこと

あなたのお友だちをその子に紹介してあげてください。

ご友人でなくても道で会う人や動物さんのことを「いつも会う黒猫さんだね～」とか「前から大きいわんこが来たね、一緒に挨拶しようね～」と笑顔でその子に伝えてあげてください。あなたの気持ちをその子が受け取り、お散歩が100倍も楽しくなります♪

友達わんこに会うたびにわが子に「あっ、○○ちゃんだね！　今日会うの2回目だね、うれしいね。私もうれしいよ」などと声をかけてあげてください。

わんこは大切な仲間を紹介してくれるママのことをもっと大好きになります。

こんな方に話しかけてほしい――「環境と状況」

・わんことよく出かけている方、犬友と遊ぶ機会が多い方
・犬の保育園に預けている方
・わんこと一緒にたくさん旅行したい方
・わんこと過ごす時間が長い方

わんこの気持ち❹

あなたが悩んでいるのを見たくない。
いつでも何時間でも
私はあなたの悩みを聞くことができます。
だからなんでも話してほしいのです。
私はあなたの悩みを秘密にできるし、
あなたのそばにいて温めてペロペロして
あなたを元気にすることを約束します。
安心してください。

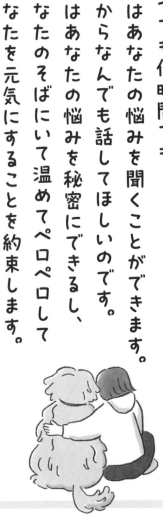

あなたにお願いしたいこと

🐾あなたが悩んでいるとその子も悩みます。合わせ鏡の法則です。

🐾その子はどんなときもあなたの役に立ちたいと願っています。だからあなたもせめてその子の前では心のシャッターを開けてください。

🐾「あのね…今日さぁ〜仕事でさぁ〜」とか「ドッグカフェをしたいって考えてるの、どう思う?」などあなたの夢や悩み、悲しみも全部その子に伝えましょう。きっと優しく寄り添ってくれます。

こんな方に話しかけてほしい——「環境と状況」

・わんこが家族、わんこと二人暮らしの方
・仕事が忙しくて、ため息をついていることが多い方
・ソファーで寝てしまうことが多い方
・「うちに来てこの子は幸せかな」とついつい考えてしまう方

わんこの気持ち❺

「ドッグカフェってどういうところ？」

「散歩ってなに？」

「リードって何のためにあるの？」

「猫、カラス、電車、踏切、車…って何？」

私は知らないことがたくさんあります。

これからあなたとたくさんお話をするのに
必要なことや言葉を
あなたと暮らすために教えてほしいのです。

あなたにお願いしたいこと

その子が興味を持って見ているもの、おっかなびっくりで見ているものは最後まで確認させてあげてください。そうすると怖いものがなくなり、自信につながります。

その子の目線になるようにかがんであげて「何見てるの？」などと話しかけてあげる。その子が落ち着いたら、「あれはね、〇〇っていうの。私と一緒なら安全だからね」「一緒に楽しいところに出かけられるものだよ、たくさんお出かけしようね！」など、あなたの生活環境に合わせた説明をしてあげてください。

こんな方に話しかけてほしい――「環境と状況」

・怖がりな犬
・何にでも興味を持つパピーちゃんのご家族
・その子が何かに興味を持って見つめていても、リードを引っ張ってその場から離れようとする方
・お散歩が苦手な方
・お散歩が億劫な方

我が犬とあなたの絆を強くする

わんこがあなたに「質問したいこと」5つ

ここでひとつ、素敵なストーリー「はじめまして」をご紹介します。

レスキューさんの家を転々とし、やっと今の家にたどり着いた保護犬のまりちゃん。Iさんご家族にとっては、はじめての保護犬。かわいそうな過去があるから愛情をいっぱい注ごうと、ついつい構っていました。

しかし、まりちゃんはというと常同行動を繰り返し、家の中では落ち着かず、ひどい車酔いをしてしまうので、遠方のきれいな海にも連れていけない……と家族もお困りで、私のところにいらっしゃいました。

さてさて、ここからが私の出番です。

その子に今の気持ちを伺いました。すると出てくる彼女の想いの数々……。

「私の家はどこなの？　また少ししたら他の家に連れ出されるんだろうな。この家の人にも心を許せない。追い出されるぐらいなら自分から家を出よう。そのほうが傷つかないで済むもん。車は嫌い。だってこれに乗せられて、次から次へと違う家に連れて行かれたから。車に乗せられると、またかとショックで吐いてしまったの」と心の内を打ち明けてくれました。本意はIさんとIさんの家族に愛されたい。だからこその行動でした。

そのことをIさんにお伝えすると、とてもびっくりされていましたが、自分がかわいそうな犬だと決めつけていたことも悪かったと反省されました。まりちゃんの本音が分かったことでIさん自身も力が抜け、電話越しの声がかなり明るくなっておられました。

保護犬さんは、たくさんの家を経由してあなたの家にきています。その子のためにもあなたと暮らす時間が一時的なのか、これからずっと一生を過ごす安住の地（本当の家族）なのかを教えてあげてください。

彼らの立場になれば分かりますよね。その子を迎えた優しいあなたの気持ちを込めて、名前を呼んであげてください。

ここからは、わんこたちが「どうして？」と思う代表的なものをお話ししますね。

わんこの気持ち❼

わたしは家族だよね？
なのにどうして
わたしに挨拶してくれないの？
わたしにも家族の挨拶の言葉
（はじめまして、おはよう、行ってきます、ただいま、
ありがとう、ごめんなさい）を教えてください。
そして、わたしにその言葉をかけてほしいです。
わたしもあなたに挨拶をします。

あなたにお願いしたいこと

🐾わんこの気持ちに寄り添ってあげる。

🐾「私があなたのママよ」「ここがあなたの家だよ、○○ちゃん」と優しく撫でながら声に出して伝えてあげてください。その子が安心します。

🐾大切なあなたから言葉をかけてもらうことで、わんこが家族として「認められた」と感じ、自分に自身が持てるようになります。

こんな方に話しかけてほしい――「環境と状況」

・初めて保護犬を迎えた方
・かわいそうと思ってつい構ってしまう方
・「大丈夫～？」「こっちおいで～」「安心して～」と何度も無意識的に声をかけ続けている方
・かわいそうだという感情が先行している方
・その子を真剣に叱れない方
・その犬に遠慮がある方
・初めてわんこを家族にした方
・わんこは私の家でよかったのかなと不安な方

わんこの気持ち❷

留守番をしないといけないときは、
ちゃんと説明してください。

「いつまでに帰ってくるのか」

「それは行かないといけないこと？」

「絶対に帰ってきてくれる？」

「あなたはお出かけしたいの？」

わたしはあなたが出かける理由を知りたいし、
見送りと出迎えをしたいのです。

あなたにお願いしたいこと

🐾「どういう理由で誰とどこへ出かけるのか、何時に帰ってくるのか」など理由を伝えてあげること。5W1Hです。

🐾その子が知らぬ間に出かけるよりも「行ってきます！」と伝える。そのほうが、よりその子も安心できます。

🐾仕事に出かけるときに、ため息をつくなどイヤイヤ出かけないでください。その子があなたを家に引き留めようとします。
どうせなら笑顔で、「あなたのおやつのためにママは仕事、行ってくるね～！」などと明るく出かけましょう。

こんな方に話しかけてほしい――「環境と状況」

・家を不在にしている時間が多い方
・その子を不安にさせないように、ささっと黙って出かける方
・「ごめんねぇ～、一人にさせて」とその子が不安になる言葉をかけている方
・その子に罪悪感がある方

わんこの気持ち❸

わたしは
「病院に行きたくないし、
歯磨きもしたくない」。
それをやる
理由を教えてください。

あなたにお願いしたいこと

- わんこに明確な理由を伝えること。
- どうせ分からないだろうという先入観は捨て、丁寧に伝えること。
- 歯磨きなどは「私もしてるよ。だから歯がきれいでしょ」と声をかけながら自分がする様子を見せてあげてください。
- 病院は誰のために行くのか、なぜ行くのかを考えてください。面倒くさい、時間がかかるから嫌だなぁ～という自分本位な気持ちはＮＧです。病は気から。あなたのその気持ちがわんこに悪影響を与えます。

こんな方に話しかけてほしい――「環境と状況」

- 生活が忙しく、精神的に時間の余裕がない方
- 「もぉ～また動物病院に行かないといけないわ…」と友だちに愚痴を言っている方
- 自分が後悔しないように行動をしている方
- 自分がしていることをわんこが嫌がるため、イライラしてしまう方

わんこの気持ち❹

わたしのこと、好き？
ねぇ、わたしのどういうところが好きか、
聞かせてよ。
わたしはどんなあなたも好きだよ。
一日1回だけでいいから
「大好きだよ」って
わたしの名前を呼びながら
伝えてくれませんか。

あなたにお願いしたいこと

🐾その子の容姿、性格など好きなところをノートに10コ書き出してください（意外に書けないものです）。
※迷子になったときにも役立ちます。

🐾その子の名前を一日何回呼んでいますか？　意識してみてください。

🐾その子の「すごいな！」と思えるのはどんなところですか？

🐾その子の大好きなしぐさは何ですか？

🐾「あなたの名前の理由はね…」と、その子に声に出して優しく伝えてあげてください。

こんな方に話しかけてほしい――「環境と状況」

・わんこのご家族皆さん
・「この子は私のこと、どう思ってるんだろう？」と不安に感じている方
・自分に自信がない方

わんこの気持ち❺

吠えるの少し我慢したよ。
トイレもちゃんとしたよ。
なのにどうしてほめてくれないの？

怒られてばかりだとすごく不安になります。

あなたにお願いしたいこと

その子の小さな変化にも気づいてください。

2か所に粗相《そそう》をしていた子が、あなたの努力で1か所になった。そんなときは「どうしてまだ粗相するの！」と言わずに「あと1か所だけだね、○○ちゃんならできるよ。そうなるとママはうれしいな」と声をかけてあげましょう。きっとその子はうれしくなります。あわせて「この場所でしてほしいの。お願い」と改めて正しい場所も伝えましょう。

「ウ〜ワンワンワン！」が「ワン」になったら頑張っているサインです。同じ吠えていることには変わりませんが、頑張って抑えています。そのことをほめましょう。

こんな方に話しかけてほしい──「環境と状況」

- 粗相をする、吠える、問題行動に悩んでいる方
- ダメなところばかりに目がいく方
- 「また！　そんなことして！」「ダメでしょ！」と声を荒らげてしまっている方
- その子をほめていない方
- いつも何かにイライラしている方

私の声がけを素直に受け止め、実施してくださっている優しいご家族。みなさん、日々わんことイキイキ過ごされています。いや〜感無量。皆さんも是非試してみてください！

Yさんとぷぷちゃん

外出時に「〇〇に行かなきゃいけないからお留守番お願いね。何時には帰ってくるからね」と伝えると自分からハウスしてくれるのに、慌てて伝えずに出かけるときは、しばらく吠えています。そんなときは、私の話を理解しているんだなぁと思います！

散歩のときには「何かあったらお母さんを見上げてね。抱っこしてあげるし守ってあげるから大丈夫だよ」と伝えると頑張って歩いてくれます。自分より大きかったり、元気なわんちゃんがくるとすぐに見上げてヘルプを示してきます。そのときは約束通り抱っこしてあげています。

そして「今日も一日一緒に元気に過ごしてくれてありがとうね。大好きだよ！」と声をかけるとすぐに顔をペロペロ舐めてくれます。大好きが伝わったなって嬉しくなります。大袈裟に褒めた後に調子に乗る感じが一番伝わっているな、かわいいなと感じる瞬間です。

Mさんとすぴちゃん

私と主人が外出して帰ってくる少し前からそわそわ落ち着きがなくなります。伝えた時間ときちんと帰ってくることを分かっているのがすごいです。

1日の終わりにすぴちゃんにお布団の中で赤ちゃんに接するようにいろいろお話をします。そして、必ず「今日も1日ありがとう。大好きだよ。ママとパパのもとに来てくれてありがとう。すぴちゃんが、ママとパパを幸せにしてくれているよ。ママとパパはいつも、すぴちゃんのこと守るからね。絶対に恐い思いさせないからね」と伝えると、舌をペロッと出し尻尾を思いきり振りながら、私の顔にスリスリしてくれます。分かってくれていると思います。

🐾Kさんとマルちゃん

恵美子さんから、マルが「ママのご飯がすごくおいしい。特に○○が好きだよ」と伝えてくれていると聞いたときはびっくりしました。それからは毎日「今日はこんなメニューで中にはこんなのが入っているよ」と話をするようにしています。毎回、マルは目と耳をパッカーと開いて、私の話を聞いてくれています。食べ終わった後は「おいしかったわぁ」と言ってくれていると思います。今度はどんなご飯にしようかなとかマル目線で晩ごはんを決めているときもあります。

家族がめっちゃ笑って会話をしていたら、マルも笑って会話に参加してきます。もはやワンちゃんではない存在です。このことに気づかせてくれたのが恵美子さんです。

わんコラム①

わんこからの想いを受け取る方法

私が1000頭以上の動物と話した結果、わんこの想いを受け取るのに必要なのは、「気持ちに寄り添う」「“うちの子に限って”を捨てる」「対等でいる」だと思いました。詳しくお伝えしますね。

あなたが受け取る気満々だとわんこは本音を話してくれません。たとえば、あなたが悩んでいるときに友達が「ねぇ何か悩んでいるでしょ？ 黙ってないで、私に話せば楽になるからさ。ほらほら！」と興味津々、少し興奮気味で話かけてきたら、その場から離れたくなりますよね。こんな人に本音を話そうとは思わないはずです。わんこも同じように感じます。本音を聞きたければ「それをするときにどう感じるのか、教えてくれるかな」と相手が話すタイミングを待つことが必要です。

そして「うちの子がこんなことを伝えてくるはずがない！」と、わんこからの大切なメッセージを無視せず、素直に受け取ってください。

私がわんこの気持ちをご家族にお伝えすると、ほとんどの方が「そうだと思っていました」とおっしゃいます。実は皆さん、受け取れていることが多いのです。気づかないだけ。

相手が「動物」だと考えるから難しくなるのです。同じ人間でも、アルバニア、スリランカ、ギリシャ、イラン、トルコ、イタリアのシチリア島では、「首を縦に振る」うなずくことが「ノー」を意味します。同じ人でもこんなに違います。人、犬、猫、馬、ウサギ……どんな生き物にも自分の先入観を捨てフラットに接するのが大事です。

「わんことつながれた」と感じる感覚は、人それぞれですが、私は胸がキュンとしたり、温かく感じます。頭ではなく胸で感じる。これがつながった合図だと思ってください。

わんこを見つめて、頭に浮かんだことがその子の伝えたいことです。わんこが伝えてきたことを「今伝えてくれたのはあなたが好きなことかな？」とわんこに確認してみてください。わんこは、ちゃんとしぐさで教えてくれます。

【第2章】

今日からすぐにできる、基本の言葉がけ

まずはこれだけ！
当たり前なのに
効果絶大の小さな習慣

名前を呼ぶだけで、わんこの幸福度が増すんです

「私の名前？　すごく気に入ってるよ。この名前はパパがつけてくれたの。ママは私のことをミーって呼ぶの。パパはね、ミーちゃん。おばあちゃんは、みどりって呼んでくれる。どれも私の名前なの。あっ、ママのお友だちはみどりちゃんって言うかなぁ」とうれしそうに話してくれるわんこさん。ほとんどのわんこは家族がつけてくれた名前をとても気に入っています。

あなたは誰かに話しかけるときに相手の名前を呼んでいますか？　家族、ご友人、愛するわんこの名前です。わんこに限らず自分の名前を呼ばれるのって悪い気はしませんよね？

あるわんこのお名前面白エピソードをご紹介します。

「○○君のママ、こんにちは～」とあなたと犬友さんがご挨拶をする瞬間。わんこはこの会話を聞いて、「うん、僕のママだよ。ママのこと大好きなの」とあなたの名前がママだと思ってたと話してくれたことがありました。ほほえましいエピソードです。

私の失敗エピソードを話しますね。我が家では必ず相手の名前を呼びます。あるとき、私が「散歩行かへん？」と主人に話しかけたら、「えっ、誰と行くの？」と全員が振り向きました。これは多頭飼いやご家族の多い家あるあるですが、これだけ名前は大切です。

少し話がそれましたが、**わんこは本当に自分の名前を気に入っています。そして家族によって呼び方が違うことも楽しんでいます。**

「私ね、ミーちゃん、みどり、ミーが呼ばれてうれしい順だよ」と伝えてくれたわんこ。ふふっ、どの呼ばれ方が好きか気になりますよね。そんなときはそれぞれの名前で呼びかけてみてください。気に入っている名前で呼ばれたときは、笑顔になったり、クルッと回ってみせたり、あるいは、あなたの足に前足を乗せてくれるなど、さまざまなしぐさでうれしさを表現してくれるでしょう。

名前を呼ばれてうれしい理由はほかにもあります。

たとえば、多頭飼いのおうちの場合です。

「かわいいね〜」と自分のほうを見て声をかけてくれたとしても、他の子のことじゃないのかなと考えるわんこもいます。だからそういうときこそ「〇〇ちゃん、かわいいね！」と名前を呼んであげてください。

みんなでお散歩に出かけるときも名前を呼んであげると喜びます。

「〇〇君、お散歩行くよー。〇〇ちゃんも一緒に行こうね！」と全員に声をかけてあげるのも素敵です。

私は仕事をしている間、足元で何も文句も言わずに待っててくれるうちの子に、「〇〇、仕事に集中させてくれてありがとう。めっちゃ、はかどったよ。ほんまにありがとう」と伝えています。

家の掃除をしている最中にそばにいてくれるときは「掃除を手伝ってくれて助かったわぁ〜、〇〇ちゃん」とか「泣いてるときに背中を貸してくれてありがとう。〇〇がいてくれたから乗り越えられた。涙も拭き取ってくれてほんまにうれしかったよ」。そして「〇〇がいてくれたから、かけがえのない人や犬の友だちができたよ。

家族になってくれてありがとう」と伝えています。

その子に言葉にして伝えるとなんだか自分もうれしくなり、自分を産んでくれた両親にも感謝できるから言葉って本当に不思議です。

感謝の言葉ってその子もあなたも幸せな気持ちになると思いませんか？　えっ？　よー分からんって？　なら今すぐその子に感謝してください。

「○○ちゃん、どんなときも私を信じて私の気持ちを尊重してくれてありがとう。○○ちゃんは私の心の支えだよ」と伝えてあげてください。

名前を呼ばれると、目をキラキラさせて、耳や尻尾をピンと立てるわんこさん。その様子を見たあなたもご家族もみんながウキウキする。大げさだけど生きる力が湧いてくるから不思議です。

名前を呼んであげてください。呼んでもらったその子も、声をかけたあなたも笑顔になること間違いなし！

あなたが楽しんでいるとわんこも幸せ。あなたが不安だとわんこも不安です

わんこが散歩に誘ってくれても、ボールを持ってきてくれても、「あとで」と先送りにしていませんか？　その「あとで」は本当にきますか？

そういう場合の「あとで」は永遠に「今」になりません。わんこに人間がつくウソです。ウソつきは泥棒の始まり……でなく私は「もったいない」の始まりだと思います。わんこは人の約5倍のスピードで年を取ると言われているのですから、わんこと過ごせる時間は、あっという間です。

わんこは、どれだけしんどくても全力であなたが喜んでくれるように魂を注いでくれる史上最強のあなたの味方であり、ファン。そんなわんことの時間を後回しにし、わんこに「私と遊びたくないのかな」と不安にさせるのはもったいないです。

そしてもう一つ、あなたに知っていただきたいことがあります。わんこはあなた

自身の鏡です。よくわんこを観察してください。

あなたがどんよりとしていたらわんこも前足に頭を乗せて上目使いになり、なんだか暗い表情になります。逆にあなたがニコニコうれしそうに「明日は給料日～♫ちょっと贅沢に発泡酒でなくてビール飲めるぅ～」とか「気持ちいい天気だわぁ～！」とご機嫌にしていると、わんこもすごくうれしそうにしているはずです。

私は、いつも、そういうわんこを見て「あんたも楽しいんや、一緒やな～♫」と声をかけて踊っています。実は私がウキウキしているからなんやけど、そういうことなのです。えっ？　どういうこと？　って？

あなたがうれしそうに心をぴょんぴょん弾ませていると、わんこもうれしくてニコニコしちゃう。そういうこと！

「ぐうたらはもったいない」の始まりです。わんこと一緒に笑顔になりましょ！

わんこのふり見て我がふり直せ！

じっとあなたを見つめているときは話しかけるタイミング

じーっ。ん？　なんかすごく視線を感じるのは気のせいかな？　じーっ。えっ？　あれっ？　うわっ！　めっちゃ見てる。そういう瞬間は宝の山。逃さずに話しかけてください。何でもいいです。その子を見たときに、あなたが感じたことを言葉にして伝えてください。

アニマルコミュニケーションの依頼で、「なぜ、じっと見つめてくるのか、その理由をわんこに訊いてほしい」というご依頼があります。私が依頼者に「なに？　ってその子に訊いてみました？」と尋ねると、「えっ？　訊いてないです」とほとんどの方がこう答えます。

そういうやりとりの中で私はいつも訊いたらええのに、もったいないなと思っています。その子はあなたにリアクションしてほしくて見つめているんだもん！　もったいないわぁ～。

私がお話をしたわんこたちは、とても面白い表現でじっと見つめる理由を伝えてくれました。

「ママ～振り向けぇ～こっち向けぇ～。僕のこと気になれぇ～気になれぇ～」

とてもかわいい表現で伝えてきてくれました。

「えっ？　どういうこと？」とわんこに聞くと、自分のことをちゃんと家族が見てくれているかを確認したり、家族が談話している中に入りたいけど、自分から入れてよぉ～と言うのもシャクに障るから、少し離れたところにわざと座って誰かに気づいてもらうのだと言ってました。「〇〇～一緒にテレビ見ようよ」とか「こっちにおいで～」と声をかけてもらうために、わざとそういうしぐさをするのだと伝えてくれました。

想像してみてください。あなたが学生の頃、初恋の相手にこっちを見てほしくてじーっと見ていたことを。そして振り向いて声をかけてくれたときは天にものぼる心地だったことを。わんこも同じ気持ちであなたやご家族を見つめているのです。

見つめられたときはタイミングを逃さずに、**「〇〇ちゃん、もぉ～そんなに見つ**

めんといて～照れるやん！　〇〇ちゃんが私を大好きなのは分かってるって～。私も大好きだよ」とか「どうしたの？　何が言いたいのか教えてくれるかな」などと声をかけてあげてください。

積極的にアピールする子もかわいいけど、手を替え品を変え、あなたに愛の熱視線を送ってくるわんこも最高にかわいい。心をこめて感謝の言葉をかけてあげてください。エエヤン！　素敵やわ。

じーっと、あなたが声をかけてくれるのを待っている我が子は、まるで「忠犬ハチ公」。いつまでも待ってくれるけど、いつまで待たせるの？

あなたの言葉次第で、その子は健康にも不健康にもなる

想像してください。つらそうにしているわんこに「大丈夫？　しんどいなぁ～痛いなぁ～かわいそうに」と声をかけたら、その子はどんな顔をすると思いますか。「うん！　ありがとう」と幸せそうに尻尾を振りながら笑顔を見せてくれるでしょうか。「そうやねん、僕、しんどいねん。僕かわいそうやねん、ママ看病して。ママ」とだるそうに身体を預けてくるか、さらにつらそうなそぶりをすると思います。

こうなると、負のスパイラルができあがり、治るものも治らなくなります。「そうかぁ～そうかぁ～ママがいるからね」と頼られたあなたは少しだけうれしい気持ちになっているはずです。そうなると、もっとネガティブな言葉をかけるようになり、わんこもママが喜ぶならと仮病を使うようになります。

お腹が痛いふりをしたり、足を引きずって歩いてみたり、食欲のないふりをす

る。「この子は私がいないとだめなの！」とか「あ〜病院行かなくちゃ。忙しいけど、この子のため」とあなたが意識はしていないでしょうけど、心の深いところでうれしそうにしているからです。

えっ！　してないって！　実は私もそう言い張ってました。

うちの長男わんこは「病気の総合商社」と家族に呼ばれていました。小さい頃から手術を6回しています。前足の関節が悪く、後ろ足にはプレートが入っています。心臓も悪いです。

そんなわんこに私がよくかけていた言葉が「心配やわぁ〜。大丈夫？　足痛かったら無理したらあかんで。お散歩も無理せんでいいから、かわいそうに」とか「疲れた？　眠とき」でした。ほぼ毎日こういうフレーズの言葉をかけていました。するとね、わんこの顔から笑顔が消えて、上目使いと眉を動かすのが得意になりました。そう、病気わんこのできあがりです。

はじめて私がアニマルコミュニケーションを受けたときに、「『かわいそうにかわいそうに、とか、心配やって言う君の顔を見て、僕すごく心配になるねん』とこの子が話してくれてますよ」と言われ、めちゃくちゃショックを受けました。

まじか!!　あかんやつやん！　そこからは声がけを変えました。

「足も動かして筋肉つけよ！　そしたら関節が悪くても大丈夫。だからお散歩行こ！　しんどいふりしてもばれてるぅ～」とか「悪いところもひっくるめて○○やねん。私はそんな○○が大好きやで。あんたが笑顔になってくれると、すごくうれしい。だからたくさん楽しいことしよ」と話すようにしました。

すると彼が変わりました。自分の伝えたいことを声としぐさで伝えてくれるようになりました。後ろから爆走してきてわざと私に体当たりしたこともあります。思いっきり転んで痛いと腰をさすっている私の周りをうれしそうに飛び跳ねる本来の明るい彼になりました。

そんな彼が最近、「僕心臓悪いねん。でもこれが僕やし、僕は今すごく楽しいねん」と笑顔で伝えてきます。

そうなんです!!　治らない病気も、もちろんあります。でも、後悔しても慰めてもそんな自分をかわいそうがっても何も状況は変わらない。なら、一緒に今この瞬間を楽しみませんか？

「病は気から」そうなんです！　気から「危にも喜にもなる」。どーんと来い！　で過ごせばその子も楽しくなりますし、健康になります。あなたの声がけ次第で、その子が心身共に健康にも不健康にもなります。これ断言できます！　わんこたちにヒアリングした結果なので間違いありません。

「心配せーへんで。あなたを信じてるもん。一緒に今やれることを楽しもうよ」と笑顔で声をかけてあげてください。今できること、それが大事です。

心配して回復しますか？　それなら、その子がウキウキする時間を共に過ごしませんか？

「ありがとう」は魔法の言葉。互いの心を落ち着ける。感謝を伝えよう

あなたはわんこに「ありがとう」と伝えていますか？

伝えるタイミングは山ほどあります！　ごはんをきれいに完食してくれたとき、トイレシートの真ん中でおしっこをしてくれたとき、お散歩中に笑顔で振り返ってくれたとき、あなたが悲しくて泣いていたり、つらいことがあって落ち込んでいたりしたら何も言わずにそっと寄り添ってくれたとき、お留守番をしてくれたとき、トイレの前で待っていてくれたとき、とびっきりの笑顔を見せてくれたとき……もぉ～数えたらキリがない。

気がつけば「ありがとう」しか言ってない、なんて日が私にはあります。そんなときは「もぉ～、あんたらのせいで、今日もありがとうしか言うてへんやん」って

笑顔で伝えて抱きしめます。すると、うちのわんこは声を上げて笑ってくれます。

「ありがとう」って言葉に真実の愛がトッピングされるとスゴイ変化が起きます。伝える側も伝えられる側も自分が必要とされ、愛されているという自信と安心感が芽生え、穏やかに過ごせるようになります。

私が今まで出会ったご家族は、私が、

「ありがとうってわんこに伝えてください」

と言うとたいてい、

「えっ？　わんこにありがとうって伝えるんですか？」

って目を丸くします。その言葉に私も目がまんまるになります。いや、伝えよ、家族なんやから。

もちろんアニマルコミュニケーション実施後は、皆さん、満面の笑みで普通にわんこに言葉をかけてくれています。端から見ると犬に話しかける変な人に見えるかもしれませんが変人最高！　わんことあなたが幸せなのが一番やん。その様子を見ている周りの人もわんこもリラックスし始めます。これこそがありがとうの連鎖。

幸せへの一歩です。

その瞬間に立ち会えたとき、私は最高に幸せになります。

「あ〜よかったなぁ〜。わんこの気持ちがご家族に通じて。犬と人という垣根を越えて母と子になった」と感じられる瞬間です。みんなにもそうなって欲しいです。


では善は急げ！　早速、目の前のわんこに「ありがとう」って言ってみてくださ い！　伝えた瞬間、あなた自身がすごくうれしくなりませんか？　だまされたと思って続けてください。気がつくと自分に自信を持って過ごせるようになります。明石家さんまさんではないですけれど「自分が大好き」になります。まずはあなた自身の心を整えるのが大事です。

そして、わんこに「かわいい」とか「ええ子」と声をかけるのも大切やけど、彼らも家族、対等な立場なのをお忘れなく！　わんこがあなたのために何かをしてくれたら「ありがとう」と伝えましょう！

では、どういうときに「ありがとう」と伝えるのか？　それは伝えたいと感じたときです。でも初めは難しいですよね。慣れるまではこう考えてみては？

わんこがあなたのために何かをしてくれたときに伝える。冒頭で伝えたこと以外にも、苦い薬を飲んでくれたときや歯磨きを我慢してくれたとき、獣医さんで震えながらも注射を我慢してくれたとき……。まだたくさんあるだろうけど、そんなときは「ありがとう」って伝えてあげてほしいです。

一日1回「ありがとう」とご自身とその子に伝えることから始めてみて！　習慣づけるのが大事。そうすれば1か月、1年後には、あなたとわんこやあなたのご家族がキラキラ輝き出す。楽しみですよね！　是非実践してください。ここまで読んでくれて、ありがとうございます。

百考は一行に如かずじゃないけど、頭で考えるよりもまずは行動に起こして、その子に伝えよう「ありがとう」と。

関係が強固なものになるのは、こんなほめ方です

わんこのこと、ほめてますか？

「ヨシ！」「グーっ」「かわいいな」「かっこい～ね」はちょっと違います。確かにほめてるけど、この言葉は、その子の内面をほめているのではなくて、行動や外観をほめてるだけなのです。もちろんこの言葉も大事ですよ！　言わないより言ったほうが断然いいです。でも私がしてほしいのは、その子の内面をほめ、認めてあげることです。

まずは、あなたが言われてうれしい言葉を考えて書き出してください。私だったら「思いやりがあるね」「すごく助かりました」「気配り上手だね」「場を和ませるのうまいよね！」とかかな。あっ、関西人なので「めっちゃ、おもろいなぁ～自分」もかな。

わんこは、あなたの言葉を待っています。あなたからあなたの気持ちがトッピングされた言葉をかけられると、あなたのことをますます大好きになります。もっともっとその言葉をかけてもらいたくて行動するようになり、自分の行動をほめて認めてくれるあなたを誰よりも信頼するようになります。さぁ、言わない手はありません！

「じゃあ、どんな言葉をかけるのがいいのか教えてよ」と言われそうですね。

あなたが誰かにかけてもらうとうれしいと感じる言葉をかけてあげればいいのです。意識せずに自然とほめ言葉をかけられるようになると、ほめ上手になります。するとね、どんな些細なわんこの行動や気遣いにも気づけるようになり、最終的にご家族や周りの生き物、ご自身のこともほめられるようになります。そうなればしめたもの！　何もかもがバラ色、桜満開になります。

言葉と気持ちを伝えられたわんこは、体中から喜びがほとばしるようになります。自信に満ちあふれて、身体の無駄な力が抜け、リラックスできるようになります。心身共に健康になります。

うちの長男犬は、「大きいワンワン」と近づいてくる子どもの小さい手にやさしくちょんと鼻先をタッチします。鼻タッチされた子どもはうれしそうにピョンピョン跳ねたり、長男犬の背中にもたれかかって喜びます。その間、長男犬はじっとうれしそうにしています。そんなときは必ず「気配り上手だね。あの子すごくうれしそうにしてたよ。さすが！」と彼への愛情をたくさんトッピングして伝えます。するとうれしそうに目を細めて私を見つめ返してくれます。そう、こんな感じ。

私が話をするわんこは、みんなママが心から伝えてくれる言葉を求めています。「お留守番も頑張ってるんだよ。だからさ帰ってきたら真っ先にほめてほしいの！声をかけてほしい」というわんこや、仔犬の相手をしている先住わんこさんは「かわいいけど、しつこい仔犬の面倒をみていることをほめてくれるとうれしいのに」と伝えてきます。

わんこだって色々考えているんです。そんなときは「お世話を頑張ってくれてありがとう。私も相手したけど、この仔犬大変だね、○○はすごいね」とほめるだけで先住犬も報われます。

気持ちをトッピングしてほめる、その力は偉大ですね！　わんこも家族です。しっかりと伝えなければ気持ちは伝わりません。どんどん伝えちゃいましょう！　私も今日も「○○のそういうところ、だーい好き」って伝えてます。

ほめ方は人それぞれだけど、あなたがかけられてうれしい言葉をわんこにかけよう！

わんこにポジティブな言葉をかけると、あなたの心身の緊張もほぐれます

「言葉言葉っていうけど、相手はわんこだよ」と言うあなた！　ちょっと待って！　ちゃう。違います。

「言霊」という言葉があるように言葉にはエネルギーが宿ります。だから「なんで自分だけ」「どうしてあなたはいつもそうなの」「私なんて」「お金がない」とか言い続けると、その通りになります。ビビりません？　それだけ力があります。

言葉の力が信じられているから「ご祈祷、祝詞、お経」があるのです。だったらプラスの言葉を発してわんこもあなたもルンルンな日々を過ごしたほうが断然素敵だと思いませんか？　言葉ひとつであなたもわんこもハッピーになれる。お金もかからない。なんと！　素晴らしい。パチパチパチ。

私がアニマルコミュニケーションを介して出会った皆さんは、わんこの幸せをひ

たすら願っている、とてもまじめな方が多いです。だからこそ「どうしたらわんこが幸せと感じてくれるのだろうか」と悩んでおられます。

自分にいいところがたくさんあるのになぜか悪いところばかりをフォーカスしている。そら、わんこも笑われへん！「ママ、気づいてや！気分転換にお散歩行こうや」とか「おしっこのにおいはリラックスできるから、ママにリラックスしてもらうためにおしっこかけとくわ」と分かりやすい行動をするようになります。なんて健気。

何を隠そう私もネガティブ大魔王でした。周りが「恵美ちゃんすごいやん！」とほめてくれても「おちょくってるやろ！こんなに、できてないのに」と、できてないところに焦点を当てていました。いっつもネガティブ。心の天気予報はずっと「曇り時々土砂降り。一日晴れ間も見えるけど」って感じです。これじゃーあかん。

そんなときです。裏表のない動物さんとお話しをする中で、今の自分を認める大切さに気づきました。この瞬間を選択した自分をほめるようになりました。

こんな私が変われたのだからあなたもすぐに変われます。そしてあなたの気持ちを反映してくれているのがわんこです。わんこが笑顔になるにはあなたも笑顔にな

らなきゃならんのです。わんこのためなら、できるでしょ♪

仕事や買い物から帰ってきて玄関をガチャと開けるとわんこが走ってきて「おかえりー‼　待ってたで〜。寂しかってん。何してたん。早く撫でて〜。僕を抱いて〜」と愛情の連打。わんわんピョンピョンぐるぐる、大歓迎。対するあなたは、やっと帰ってきたのにという気持ちが先行して「もぉ〜帰ってきたばっかりやねん。ちょっと待ってよ！　うっとおしい。コラッ、よそ行きの服がよごれるやん！」なんて声をかけていませんか？　本当によくあります。

わんこは頑張ってお留守番をしてくれてたのに、そんな労をねぎらわずに「うるさい」「じゃま」「どいて」。あなたがわんこならどう感じますか。

ほんの数分、玄関で（ゲージの中で留守番してくれているわんこにはゲージの前まで行き）かがんで同じ目線になって、「留守中ありがとう。助かったよ。○○がいてくれるから安心して仕事に行けたよ。でももう少し待ってね。着替えたら思いっきりラブラブしようね」と伝えてあげましょう。すると、わんこは、落ち着き安心して待てるようになります。

そういう経験を積み重ねていくと、あなたもわんこもお互いを信頼できるようになります。気が付けばネガティブな感情を抱かなくなります。そうなるとしめたもの。わんこに対して、「○○はできる」と信じられるようになります。

「信じる＝ポジティブな思い込み」

そうなると何もかもが好転し始めます。あなたはわんこの行動に対して心配をしなくなり、リラックスできるようになります。

これが習慣づけば、どんなときも前向きになり、心も体も元気に美しくなれます。そんなあなたと過ごせるわんこも前向きになり、身体も心もリラックスして過ごせるようになります。

ちなみにうちのわんこは日々笑顔で過ごしているので、「えっ！ 10歳!! 若く見える」とよく言われます。うふふっ。だって毎日幸せやも〜ん。みんなもそうなってな。

その子を信じる。それだけ。今日から心につけた錠前を外してください。

タイミングよく叱る。しっかり伝えると絆も深まるのです

「こらっ！」

あなたの負の感情をわんこにぶつけても何も変わりません。今までさんざんお伝えしていることですが、なかなか考え方を変えるのって難しいですよね。私もそうでしたから、お気持ちすごく分かります。

でもね、わんこの言い分をお伝えするならば、「ダメダメダメ、どうしてあなたはいつもそうなの、ダメでしょ!! 吠えたらダメ！」と連呼されても、「ママは何が言いたいんだろう。変なのぉ～」となりますし、叩かれでもしたら「パパ最悪、怖いよ。何を怒っているんだろう。機嫌が悪いのかな、嫌い！」となります。

ここではしっかりと叱る方法をご紹介します。

「えっ嫌われるの嫌だ」と心配されている方もいるでしょうが、安心してください。

タイミングよく「これはダメだよ」と伝えてあげると、彼らは理解できます。してはダメなことと、しても良いことを明確に伝えてあげると彼らも理解ができ、ストレスがかかりません。叱られることで彼らも快適に生活ができるようになります。

ただし間違ってほしくないポイントがあります。

「怒る」と「叱る」の違いです。

「怒る」はあなたの感情をぶつけているだけです。

「ポイント逃さず叱るべし！」そして、最後は「ありがとう」と優しく撫でてあげてください。

【第3章】

わんこの不安な気持ち、どうか知ってください！

説明されないとストレスです。
安心のさせ方、お願いの仕方には
ツボがある

あなたが時間を意識する習慣をつけると、犬に余裕が生まれます

一日何回時計を見ていますか？

私は結構見ています。「今、○時△分頃」とイメージして時計を見ると、「誤差なし」のときが結構ありますし、時計がなくてもだいたい誤差10分程度で時間が分かります。

時間を意識すると家事、仕事、わんことの生活、あなたの意識が変わり、余裕を持って過ごせるようになります。

学生の頃を思い出してみてください！　10分で教室から移動して体操着に着替え、トイレにも行って、体育館に移動できていました。でも今はどうですか？「あ〜、もう10分しかないやん！」と意識が変わっていませんか？　余裕があった10分から、余裕のない10分に変わっている。時間は同じなのに、不思議ですよね。

私は、よくわんこのご家族に「コップに水が半分入っているのを想像してみてください。それを見てあなたはどう感じますか」と伺います。

すると「半分しか入っていない」とほとんどの方がこう答えられます。でも、同じ盃でもお相撲さんが優勝のときに使う盃はとても大きいし、神社でご祈祷の後に呑む盃はすんごいちっちゃいですよね。コップの大きさによっては、同じ半分でも量が大きく違います。そしてどんなコップでもまだ半分も入っているのです。捉え方によってずいぶん変わってきますよね。

時間もそうです！「10分もある」と考えると余裕が生まれます。だから時間を意識する習慣をつけてみてください。

後述しますが、タイトルにもあるようにあなたが時間を意識するとわんこに余裕ができて、リラックスして一日過ごせるようになります。あなたもわんこも心に余裕ができるなら、やらない手はありません。

さぁ！　始めますよ。

目を閉じてください。1分経ったと思ったら、自分のタイミングで目を開けてみてください。

えっ！　まだ30秒？　1分ってこんなに長かったんだ……と思いませんでしたか？

そうなんです。わんことの生活はあっという間だと嘆く人がいますが、1分がこんなに長いのだから、彼らと過ごす時間は大切に使うとたくさんあります。

今回はあなたの時間の意識ワークです。ご自身の時間を意識してみてください。「洗濯物を干すのを5分で済ませよう」とタイマーをセットしてやってみる。そうすると効率を考えて、干すようになります。めっちゃ楽しいですよ！　残念ながら時間オーバーしたら一人反省会をする。「うわっ、惜しかったぁ〜、洗濯ばさみを留めるのをもっと工夫してみよう。次はやるで！」となんだかつまらない作業も楽しくなり、充実感を感じます。

「3分間、湯船に浸かろう。目をつぶってカウントするぞ！」と入っていると長い。この間に自分の日々の疲れをデトックスをする。一石二鳥ですね。

私は時間を意識するために音楽をかけています。曲が終わるまでにメールを一つ返すと宣言をして取り組む。おすすめは「ロッキーのテーマ」。めちゃくちゃやる気になります。最後の盛り上がりのところまでにメールを返信できたら、両手を挙げてガッツポーズしています。

長男長女わんこがそんな私を見て「ほんまに恵美ちゃん、毎日楽しそうやな」と笑顔で、いや、呆れて見ています。

そうこうしていくと、時間のありがたみや時間のコントロールができるようになります。買い物に行って帰ってくるのにどれくらい時間がかかるのか、洗濯掃除、子どもの送迎などおおよその時間を計測できるようになるので、わんこに、「うわっ、もうこんな時間！　ごめん〜、お散歩行けないや〜。明日ね」と謝らずに済みます。自分の立てた計画通りおおよそ過ごせるようになれば、ご自身に余裕が出てきます。

はい。お待たせしました。わんこに余裕ができる話をします。

あなたが時間をコントロールできるようになると、わんこにこんな風に伝えることができるようになります。

「あと10分したらお散歩に行けるから待っててね！」

とか、

「今から買い物に出かけるけど15時には絶対に帰ってくるからお留守番よろしくお願いします！」

と敬礼をしながら伝えられる。

あるいは「今日は忙しいから30分だけのお散歩で許してね。明日は60分行けるようにする」とも伝えられるようになります。

わんこは時間が分かっていないと言う方もいます。本当のところは私にも分かりませんが、私が今まで話をしたほとんどのわんこは少なくとも時間や曜日を分かっていると思います。うちの長男犬を含め、留守番が苦手だったわんこに「○○時に必ず帰ってくるから、待っててね！」と伝えると安心して待てるようになるからです。

人がよく使う「ちょっと出かけてくる」「ちょっと待っててね」はNGワードです。「ちょっと」は人によって時間感覚が異なります。**それと同じように、わんこの思う「ちょっと」と、あなたやご家族の「ちょっと」に乖離《かいり》が生じれば、わんこがストレスを感じるようになります。**

ここであなたに少しお願いがあります。ご家族に「あなたのちょっとって何分かな？」と確認してみてください。そして家族の「ちょっと」を同じ時間に統一してください。その上でわんこにちゃんと時間を伝えてください。時間を伝えるのって初めはストレスかもしれませんが、時間を意識すると本当に楽しくなりますよ。

さぁ、まずは1分から始めてみてください。次はカップ麺3分。掃除、洗濯、買い物、お風呂、お散歩も……これを意識すれば、毎日がとても生き生き過ごせるようになります！

「一日一字を記さば、一年にして三百六十字を得、

一夜一時を怠らば、百歳の時に三万六千時を失う」

吉田松蔭の言葉です。どうでしょうか。意識する、しないで、これだけ違いが出ることをお分かりいただけますよね？

マザーテレサさんの有名な名言も合わせてご紹介します。

「思考に気をつけなさい、それはいつか言葉になるから。

言葉に気をつけなさい、それはいつか行動になるから。
行動に気をつけなさい、それはいつか習慣になるから。
習慣に気をつけなさい、それはいつか性格になるから。
性格に気をつけなさい、それはいつか運命になるから。」

POINT

時間、言葉、家族でルールを作りましょう。思考に気をつけると、あなたとわんこの大切な時間と生活が変わります。

置いてけぼりの理由を伝えてください。不安がなくなるから

「大好きな歯磨きガムをもらえてうれしくて、ハミハミしていたの。でね、気が付いたら家族が一人もいなくなっていたの。私、置いていかれた。寂しくてショックだった。玄関の方で人の足音がしたら走って行ったり、車の音がしたら走って行ったりした。でも帰ってきたのかなって走って行ったり、車の音がしたら戻ってきたのかなって走って行ったりした。でも帰ってこなくて、部屋も暗くなって、悲しくて疲れて寝ていたらやっと帰ってきたの。怖くて不安だった」

あるとき、アニマルコミュニケーションをしたわんこが、こう話してくれました。

そらそうや！　野生動物は身の回りに危険がいっぱいあります。だから親は狩りに出る際には外敵から身を守るすべと置いてけぼりの理由（ごはんの調達）を子どもに伝えています。だから、子どもは安心して待てるのです。

親代わりのあなたは出かけるときにわんこに出かける理由を伝えていますか？

自宅が安全だと伝えていますか？

あなたがいない間に、わんこが怖い思いをしないように気を配っていますか？

わんこの気をそらしている間にこっそり出かけるという方、絶対にやめてください！　あなたが家でまったりと過ごしているときに、気がついたら車も家族もいなくなってたらどう感じますか？

いつものことだと羽根を伸ばす方もいるかもしれませんが、私はビビります。だっていつ帰ってくるかも分からない。今日？　明日？　何時？　すごく不安だし、イライラ、ひと言声をかけて出かけてよ！　と思います。

そういうことが続くと、あなたが家を出かけようとした際に置いてけぼりにされないように付きまとったり、出かけられないように粗相《そそう》をしたり、あるいは、噛みついたりするようになります。これって、ある意味、正当防衛です。

そうなるともうみんなアンハッピーになります。


いつも自分の部屋（ゲージ）でお留守番をするわんこの場合、「ゲージ＝お留守番」

と理解はしています。

でも……「ね？　ね？　入るのはいいんだけど、ママ？　どれくらいお留守番したらいいの？　教えて～」としぐさやなき声で一生懸命あなたに自分の気持ちを伝え、あなたを引き留めようと（誤解のないようにお伝えしますが、わんこは戻る時間の確認と大好きだから「行ってらっしゃい」と伝えているだけだったりするのですが）します。

わんこがバタバタしたことで出かける時間が迫ったあなたは、どたどたと走り去るように出かけ、扉を勢いよくバタンッ！　と閉めちゃう。そんなあなたの行動を見たわんこは、「僕は戻ってくる時間を聞いただけなのに、ママはどうして無言で出かけるんだろう。僕が大きい音が嫌いって知ってるのに、なんでわざと僕を怖がらせるようなことして出かけるんだろう。なんか僕、悪いことをしたのかな」と不安になるのも当然です。

わんこは話せば分かります。だから留守番をしてもらう理由をしっかりと伝えてください。

先に伝えておいてあげれば、リラックスして「さあ〜、ボールでもハミハミしながら待ってよっと」とか「帰ってきたときに、どうやってお迎えしたら喜んでくれるかなぁ〜」とお留守番の時間を楽しんで過ごせるようになります。

わんこのごはん、おやつの買い出しなら「あなたのおやつを買いに行くのよ。ささみと鹿肉、さつまいもチップス、どれがいい？」と聞いてあげてください。きっとわんこは欲しいおやつのところで尻尾を振るか、おやつの味を想像して口のまわりをペロッと舐めるかもしれません。そのときに「分かった！　ちゃんと買ってくるからね。だから30分お留守番お願いね！」と伝えればいいんです。

あるいは旅行で何日か出かけるときは、「ずっと行きたかったところなの。元気になって帰ってくるからお留守番お願いできるかな。○回夜が過ぎたら絶対に帰ってくるから」と伝えればいい。

はじめは、「本当に帰ってくる？」と不安を感じる子もいるとは思いますが、うちは3回目で信じてくれて「おっ！　行っといで〜おやつぅ〜♡」となりました。

それまでは、帰ったら「どこ行っとってん！　何時に帰るか分からんから不安やったやろ！　心配やったやんけ！」とドスの効いた声で吠えられていました。

みんな、家族なんだもん！　わんこもあなたの大切なお子さんなのだから、待っててね！　と伝えましょう。

わんこの親だという自覚を持って、その子が安全に過ごせる配慮をする。

ホッとさせるために、こんなアイテムも活用しよう

どんな環境下でも、リラックスして過ごせるグッズが犬それぞれにあります。まずはどういうときにそれが必要なのか、事例で分かりやすく説明します！

入院をしなければいけないわんこは「いつも私が寝ているブランケットを持って行きたい。それがあると家のニオイやママのニオイがしてリラックスできるもん」と伝えてくれました。

また、別のわんこは、ペットホテルでお留守番をするときに「お気に入りのぬいぐるみ（私が見せてもらったときは、ボロボロで元の色も何色か分からないぐらい年季が入っていました）を持って行きたい。家で留守番をするときには、いつもそばにある、私の宝物なの。舐めたり噛んだりしているうちに安心して眠りにつける

から」と伝えてくれました。

さまざまな状況でその子の感情を安定させるアイテムですが、あなたは我が子（犬）の好きなものを知っていますか。原型をとどめていないぬいぐるみ、いちご柄のブランケット、いつもかけてる音楽……色々あると思います。

えっ？　分からないって？　うそーん。まずはその子の好きなものを見つけるところから始めましょう。

羽生結弦選手は、くまのプーさんのティッシュケース、スヌーピーのライナスは安心毛布、あなたは何がそばにあれば安心しますか？

街を歩いていると数珠をつけている人も多いです。お守り、スマホ。あるだけで安心できるものってありますよね。わんこも同じです。入院するときや旅行先にお気に入りアイテムを持って行ってあげるとすごく安心して過ごせます。

うちの長男犬は旅行先に必ず持って行く3点セットがあります。いつも寝ているマット、ハワイアン柄のブランケットと枕です。部屋に敷いてくれるのをチェックしてから、遊びだします。小さいわんこならお出かけカバンもそうかな？

いつもあるものがそばにあると安心できるのは人もわんこも同じです。

そして何度もお伝えをしている言葉がけで、「あなたのお気に入りのだよね」と伝えてあげてくださいね。これも大事です。

わんこの好きなアイテムを最低一つ見つけよう。

「大丈夫」は奇跡の言葉。あなたもわんこも幸せになる

「大丈夫やって～」。私はよくうちのわんこに話しかけます。

「大丈夫」ってね、めっちゃ、最強の言葉なんです。言葉を発している自分もなんか、よー分からんけど、自信がみなぎってきます。そして言葉通りに「どんとこいや～」というぐらい、状況が変わります。

私がすんごいエスパーで魔法をかけているわけではなく、大丈夫という言葉を発することで、自分自身を落ち着かせ、「こうなるといいな」という未来を想像し、行動できるようになるから大丈夫な状態になるんです。

うちのわんこが幼い頃のことです。動物病院で診察を受けたときに、震える我が子に私が「大丈夫だからね」と声をかけていたら「大丈夫って言うのはダメです。

不安な要素があるからその子に大丈夫って伝えてるんでしょ。余計その子が怖がるから使わないで!!」と言われたことがありました。納得がいかなかったけど、そう言われればそうかなと長年「大丈夫」という言葉を封印していました。


でも、とある企業セミナーに参加したときに、

「言葉は言霊と言われています。古代日本では発した言葉どおりの結果をもたらす不思議な力があると信じられていました。皆さん自分の発する言葉を意識してください。誰よりもその言葉を聞くのはあなた自身なんですよ」

と言われ、はっとしたことがありました。

あ〜、あのとき、動物病院で「大丈夫」と伝えていたのは私自身が安心したかったんだと悟りました。

まず自分が整うことが大事。そうでないとわんこを幸せにできないなと。正義の味方が変身してヒロインを救う、そんな感じ。どんな感じじゃやねん!

「大丈夫」とわんこに言葉をかけるとき、使う場面によって多少意味合いは変わってきますが、わんこには「わたしがそばにいるよ、私といると安心できるでしょ？

まかしといて！　大丈夫」と伝え、自分自身には、私がいるからこの子は大丈夫。私は強いから大丈夫。こんな場面は余裕でクリアできる大丈夫な人間だから「大丈夫」と自分自身に良い言霊をかけてください。

受験やプレゼンテーションのときに「あ〜絶対に無理や」「失敗するわ〜」と口に出してうまくいったこと、なかったですよね。私はそうでした。

逆に、「私は絶対にこの試験に受かる」「プレゼンテーションを終えたら、拍手喝采を受ける」と、その先のいいイメージを想像したら、いい結果になっていませんでしたか？　言葉ってすごいです。言葉を変えるだけで考え方や習慣が変わります。行動も変わります。行動が変わるとその先には新たな未来が待っています。


あなたが大丈夫な状態になると、わんこも安心できます。「鬼に金棒」状態。「なんでもかかってこいや〜。よその犬がワンワン言うてもなんともないわ！」と落ち着けるようになります。

落ち着けるって最高。イライラしないし、どんな状況も楽しめるようになります。だから何でも楽しくなる。楽しい日常は幸せの始まり！

大切なのは「大丈夫」というあなたの言葉で、それを真っ先に聞いているのはあなた自身ということ。あなたの応援団はあなた自身。そしてわんこが一番頼りにしているのもあなたなのだということを改めて感じてください。

あなたに満面の笑みで「大丈夫！」と言われれば、わんこも自然と尻尾が上に上がり、首もピンと伸び「うん！　僕も大丈夫」となります。

本当に自信を持った犬はスゴイですよぉ〜。しょーもないことに動じない。「ハイハイ、言うとけや」ってなる。そうなると「あんたすごいなぁ〜。かっこええやん！」とあなたもうれしそうにするから、幸せのサイクルが出来上がります。

言葉って不思議。１０００頭近くのわんこのご家族と話をしてきましたが、家族がわんこにかける言葉を変えるだけでわんこが激変しています。

わんこを幸せにしたければ、まずはあなたが整うことが大事。

動物病院に行くのは、誰でもないその子のため、と説明しよう（入院時も）

「あ〜、動物病院に行かんとあかんなぁ〜」

そんな私の言葉を聞いて、

「いえ、謹んでお断りします」

と伝えてくるわんこ。

「もぉ〜私もしんどいんやで！　頼むわ。はよ、車に乗ってや〜」

とプチ怒りながら、押しつけがましくわんこに伝えるダメな母親、これ私です。

以前の私は動物病院に連れて行かないことで自分が後悔したくない。自分のために動物病院に行こうと考えていたのです。本当につい最近までそうでした。いや〜なかなかあかん飼い主でしょ。

何かあったらすぐに病院に行く。このこと自体は間違いじゃない。早期発見はとても大事です。それを見極めるのは私たちの責任。

でもね、一番大切なのは彼らの気持ちに寄り添うこと。長く通院しないといけないときはなおさらです。

彼らにとって、病院はすごく嫌なところ、知らない犬が不安な様子で待っている待合室、鼻につく薬品のニオイ、痛い注射、まぶしい光、押さえつける人々、怖いことのオンパレード。楽しいことなんか何もない。なんとか落ち着きたいのに一番信頼しているあなたが怖い顔をして嫌いな先生に「すみません」と謝って自分を押さえつける。自分の気持ちに寄り添ってくれない。

そんな状況が続けば、当然病院が嫌いになる。ええこと全くないもん。私が犬なら渾身の力を込めて踏ん張ります。

じゃーどうするん！

簡単です。**病院に行かないとどういう未来になるかを、わんこに想像してもらう**

のです。そう、理由を言葉にして伝える。

「今足痛いよね。腰痛いよね。病院で見てもらおうよ。腰が痛いと歩けなくなるよ。大好きな川沿いの散歩道もノラ猫さんがたくさんいる道もいつも〝かわいいね〟と声をかけてくれる人にも会えなくなるよ。私はあなたとずっと一緒にお散歩したいの。毎年咲く桜や菜の花を一緒に見たい。だから病院に行ってほしい」

と心を込めて伝える。自分のためではなく、わんこ自身のためだと伝えることが大事です。

入院するときも同じ。入院の場合は、

「**○日寝たら絶対に家に帰れるよ。毎日必ず来るから安心してね**」

あるいは、

「**何日か分からない。でもね、ここにいると息が楽にできるでしょ。大丈夫。私はいつもあなたにメッセージを伝えるからね**」

と声をかけてあげてください。離れていても心の中でその子を思い浮かべ、気持ちを伝えるとその子に必ず伝わります。

わんこは、あなたが笑ってくれることが何より幸せなのです。だからこの先も続く未来のために、私とあなたのために病院に行ってほしいと伝えてあげてください。

POINT

二人の幸せな未来をわんこに想像してもらう。前項の「大丈夫」も合わせ技。一緒に伝えてみて！

お薬を飲んでほしいときは、理由もあわせて伝えること

人もわんこも苦い薬は苦手ですよね。うちのわんこもお薬を飲んでくれたと安心したのもつかの間、玄関やソファーの上にぽつんと薬が落ちていることがあります。薬を飲ませるのって本当に大変です。

私がお話を訊いたわんこたちがお薬を嫌いな理由はこちらです。

「苦い」「胃が痛くなる」「ニオイが嫌」「めちゃくちゃ緊張しながらガン見するママが怖い。ごはんにお薬入ってるのバレバレやねん」「せっかくのおいしいごはんが台無しになる。混ぜないでよ」「お薬を飲もうと私も頑張ってるのにママは怒ってばかり！　薬があるからママが鬼になる」

あらら、ママもわんこも大変です。では、どうすればいいのか？　まずはわんこに薬は何のために必要で、いつまで飲めばいいのか、そして、この薬はあなたの身

体をすこしでも楽にするし、私はあなたが薬を飲んでくれるとすごくうれしいと伝えます。

理由を伝えることで我慢して飲んでくれるわんこもいますが、そうは言われても嫌なものは嫌だというわんこが大半です。

では、どうするのか?

言葉に「ご褒美をトッピング」をしてください。特に長期間、薬を服用しないといけないわんこに薬を服用させないといけないとなると、あなたにとっても薬は嫌な時間のはずです。だからこその「ご褒美作戦」です。

ご褒美はわんこそれぞれです。「大好きなものや大好きなこと」をプレゼントしてあげてください。

伝え方を少しご紹介しますね。

これからずっと薬を服用しなければいけないわんこの場合です。今回は心臓の薬を服用しているわんこを例にとります。

薬を飲むことで普段の生活を送ることができています。思い切り遊べています。

そんなわんこには「**お薬が嫌だろうけど、そのおかげで心臓が元気だよね。だから一緒に楽しい時間を過ごせる。お薬を毎日飲んでくれてありがとう。今年も暖かくなったら海に行こうね**」とか「**さっ、今日はお天気がいいからちょっと遠い公園に行ってみようか！**」とかお出かけご褒美をトッピングして伝えてあげてみる。他にもロープの引っ張りあいが好きなわんこや、ブラッシングが好きなわんこもいるでしょう。その子が好きなご褒美をあげてください。

「嫌なんだけどぉ～」って見つめてくるわんこには、「飲んでくれたら、ご褒美にあなたの大好きなデザートをあげようと思ってるんだけどなぁ～。あなたが元気になるとうれしいの！　あなたも楽になるよ。だからお願い」とおやつなどのトッピングするのもいいでしょう。

一時的に薬を服用するわんこの場合。たとえば下痢の子が薬の効果で健康なうんちをしたときは絶好のチャンスです！「**うわぁ～、めっちゃええうんちしたやん！すげぇ～ちゃんとつかめるやん。うれしいなぁ。私もめっちゃうれしい。元気なうんち最高！　頑張って薬飲んでくれたあんたも最高！　ありがとう**」と撫でてほめる。お散歩中でも人目は気にしないでほめてね。一番大事です!!

最後に絶対にダメな伝え方を紹介しておきます。

「なんで飲まへんの！　よーならんで！　死ぬで。しらん。もぉ～」とは言わないように。わんこは「お薬＝怖いママ＝嫌な時間」と感じてお薬が嫌いになってしまいます。気をつけてくださいね。

お薬は誰のため？　あなたのため？　わんこのため？　本当の気持ちをわんこに伝えればいい。飲んだらほめてご褒美をあげてください。

新しくわんこを迎える前に必ず先住わんこにお願いをする

アニマルコミュニケーションの依頼でよくあるのが同居犬問題。

新しく後住犬を迎えたのはいいけど、年老いた先住犬が後住犬にじゃれつかれて明らかに嫌そうなしぐさをしたり、うなったり、けんかをする。または、先住犬がストレスで粗相をし始めた。なんとかしてほしいというご依頼が多々あります。でもね、私も弟がいるので先住犬のお気持ちがよく分かります。

私も母が赤ん坊を連れて帰ってきたとき、すごく嫌でした。「あなたのかわいい弟。兄弟欲しいって言ってたでしょ」って、いや、私は妹が欲しかってん、と思いましたし、「あなたはお姉ちゃんでしょ！」と弟が悪いのに叱られる。いや、私は好きでお姉ちゃんになってない。「お姉ちゃんだから我慢して」なんで？　そしてうるさい夜泣きをし、母を独占する弟。そんな日々のストレスを幼稚園児の私でさえ、母に伝えることはできませんでした。わんこもそら我慢するで。
想像してください。いきなり両親が「今日からおまえの弟だから仲良くしてね」と2歳ぐらいの子どもを連れてきたら、どう感じますか？　誰？　なんで？　いつまでいるの？　その子にばかり時間をかけて、新しい服を買って、私はなんなの？って思いませんか。いつもこの例をご家族に伝えると「確かに」と言われます。ほんまにそうやで。

わんこの立場になってみてください。

新たに迎えたいなと思ったら、まずはその子（先住犬）に相談しましょう。一度迎えてしまってから、やっぱり無理だからと捨てたり、おいそれと里親に出したりはできません。ちゃんとわんこを含めて家族全員で会議をしてください。

いやいや、私はそもそもアニマルコミュニケーターじゃないし、と言われるかもしれませんが、大丈夫です！　わんこも嫌なら嫌で態度で伝えてくれますから安心してください。

わんこへの伝え方をお教えしますね！

先住犬さんに向き合って真剣に話しかけてください。でないと「えっ？　ママ本気だったの？　それならちゃんと伝えてほしかった」となりかねません。

そして「**もう一人わんこを迎えたいのだけど、あなたはどう？**」と目を見て真剣に声に出して伝えてください。そのときのわんこのしぐさや行動を見てください。目をそらしたり、どこかに行ったり、ふぅと鼻から息を吐き出したり、寝たふりをしたりするときはあまりうれしくないのです。そして一方的に伝えるのではなく、まずはその子に気持ちを訊くことが大切です。

その後で「**あのね、私留守がちでしょ。だからあなたが淋しいかなと思ったの。誰かがいるほうがあなたもうれしいと思ったんだけど、どうかな？**」などとあなたが迎えたいと思った理由を伝えてください。間違っても「めっちゃかわいい仔犬がおってん！　飼いたいねん。きっと楽しくなるで」とその子がショックを受けるようなことを伝えないようにしてください。「えっ？　もう僕だと楽しくないの？」と傷つきます。だって、その子にとっては、若い愛人作られるようなものです。最悪です。

後住犬を迎えることに大歓迎なわんこなら、うれしそうにあなたに尻尾を振ったり、あなたの顔を舐めたり、あるいはお気に入りのおもちゃをあなたに持ってきてくれたりするでしょう。

そんなわんこには、次に「**ありがとう。男の子と女の子どっちがいい？**」「**仔犬と保護犬とどっちがいい？**」「**同じ種類の大型犬か小型犬どっちがいい？**」などと一つひとつ丁寧に訊いてあげてください。するとちゃんと返事をしてくれます。

たとえば「小型犬」がいいと思ったわんこは「小型犬」のところでうれしそうに尻尾を振ってあなたの顔を見つめたり、手を舐めてくれたりするでしょう。逆にその子は嫌だなって思ったら、首を傾けて真顔になったり、部屋から出て行って、じっとあなたの顔を見つめたり……。サインはたくさんあります。

一人っ子でいいという子は「あのねぇ〜実はねぇ〜」とあなたが話し始めたら、あからさまに別の部屋に行ったり、自分の寝床に行ってため息をついたり、上目使いであなたを見たりサインも三者三様です。賛成意見や反対意見があるのは当然です。その子の気持ちもしっかりと聞いてあげて家族を迎えるかどうかを改めて考えてあげてください。

全く聞いてくれない。嫌そうにする場合は歓迎してないのだと思います。

大切なのは、あなたがその子（先住犬）を迎えたときは、どんな気持ちだったのか、その子と暮らしてきた数々の幸せな日々を思い出してください。それなのになぜ、新たに他のわんこを迎えたいのか、理由をその子に伝えてください。

ちなみにうちは同胎の兄弟犬です。シニア期に入った彼らの生活に張りが出るだろうと2人に仔犬を迎えることについて聞いたことがありました。

「あのね、仔犬をね……」というフレーズをいうと弟犬はぷいっと部屋を出て行くか、ふぅ～と息を吐きます。そしてぼそっと「お姉ちゃんだけで十分や」とひと言。

わんこだからどうにでもなると考える方もいると思いますが、彼らにも気持ちがあります。よく考えてくださいね！

本当にその子のため？　あなたのためじゃないですか。なぜ迎えたいのかをしっかりと考えた上でその子の気持ちに寄り添ってください。

自分の友人が遊びに来るときは事前に伝えましょう

くつろいでいる時間に、いきなり家族がお客様を連れてきたらあなたはどう感じますか？

「先に言っておいてよ！　そしたらどこかに出かけたのに！」とか「いつまでいるのかな。早く帰ってほしいな」と思いませんか？

幼い頃、よく父が部下を連れてきました。お気に入りのソファーの右側、自分の好きなところに知らない人がずっと座ってる。テレビを見ているときに抱えているクッションをお尻に敷いてるその光景を見て、本気で悲しくなったことがありました。

同じように、わんこもいきなり知らない人が来たらいい気はしません。

「あんた誰？　何しに来たの？　そこ僕がくつろぐソファーなんだけど」

と抗議ワンワンしたら、なぜか自分は悪くないのにゲージに入れられたり……。そんなことをされたら当然お客さんが嫌いになります。

ではどうすれば、まるく収まるのか？

事前にこんなふうに伝えてあげてください。

「夜が2回来た次の日のお昼頃に私の友だちが家に遊びに来るの。いいかな。高校のときの友だちで10年ぶりに会うの。その子もわんこが好きであなたに会えるのをすごく楽しみにしてるの。私はあなたにもその子に会ってほしい。すごくいい人だよ。そして3人で時間を過ごしたい。彼女は19時ぐらいには帰る予定だから、どうか一緒に過ごしてほしいの」

時間の伝え方はそれぞれです。いつも行く夜のお散歩前には帰るからとか……より分かりやすい言葉で伝えてあげてください。

そして友人が帰った後も大事です。その子にお礼を伝えてあげてください。一緒に過ごしてくれたこと、友人に心よく触らせてくれたこと、尻尾を振ってくれたこと、吠えるのを我慢してくれたこと。友人が帰るときに玄関まで見送ってくれたこと、などなど。

何度も伝えていますが、わんこも家族なのですから、当然ですよね。

POINT

事前に伝えることで心が整う。あなたの家は、わんこの家でもあるのです。

人生の節目（結婚、離婚、妊娠）をあなたが迎えるとき、状況説明は必須

わんこは、大好きなあなたの一挙一動にいつも注目しています。あなたは普段通りに過ごしているつもりでも、あなたの汗や息のニオイ、声のトーン、顔の表情（笑顔が増えたor減った）、歩く足音、家族との距離感で、あなたの変化に気づきます。わんこにはなんでも筒抜けです。

ここで節目を迎えたわんこたちの気持ちをご紹介します。

「ママがね、最近元気がなくてすごく心配なの」と飼い主さんが涙でグシャグシャになって、ティッシュを何度も引き抜いて顔を拭いている映像とメッセージを伝え

てきてくれたわんこ。どうすれば、ママが元に戻るのか分からず落ち着かなかったそうです。

別のわんこは「ママがね、パパとけんかをして泣いてた。今はほとんど二人とも口をきかなくなったんだ。すごく不安なんだ」と話してくれました。その後お二人は離婚されました。離婚後、ママさんが再び笑顔になったとうれしそうにその子が伝えてくれました。

一人っ子だったわんこが「ママのおなかにいる赤ん坊は女の子だよ。その子とね、お話をしているの。生まれてきたら僕のおもちゃ貸してあげるんだ」とうれしそうに伝えてくれたことがありました。偶然なのか、女の子が生まれ、わんこはずっとそばに寄り添って赤ちゃんのお世話をしているそうです。なんて素敵！

私は数多くのわんこの話を訊くたびに、自分はうちの子を幸せにしているかなと振り返っています。そして心の大掃除（デトックス）をしています。わんこは、ほんまに偉大です。いつでも誰よりもあなたの幸せを願っています。

そうはいっても、わんこにも気持ちがあります。

あなたの恋人の香水やたばこ、お酒のニオイが苦手でストレスになることもあります。愛情を一身に受けていたわんこが、あなたの赤ちゃんに焼きもちを焼くことだってあるでしょう。

わんこはあなたと共に過ごしています。人生共動体です。だからわんこにあなたがどうしたいのか、今どういう気持ちなのかを伝えてあげてください。もちろん、わんこが嫌そうだから結婚しないというのではなく、わんこに相手のことを好きになってもらいましょう。

ご両親に許しを得るだけでなく、わんこにもしっかりと許しを乞うてください。わんこはあなたに相談されることで「自分は愛されている」「必要とされている」「価値のある存在だ」と心に余裕ができます。自分たちの家族に新しいメンバーが入るのですから、当然です！

わんこにとってあなたと家は「幸せで安心できる場所」。これが一番大事です。

わんコラム②

家族わんこに あなたの想いを伝える方法

「この子と話ができたらいいのに」。わんこがあなたをじっと見つめ「ワン、キューン」となく。伝えたいことがあるのは分かるけど、何が言いたいのか分からなくてモヤモヤ。それが続くと「この子はうちにきて幸せなのだろうか」と落ち込んじゃう。でも大丈夫です。その子に想いを伝えられるようになるための方法があります。それは……

「先入観を捨て、わんこの気持ちを受け取る準備ができるのを待ち、心を込めて向き合って真剣に話しかける」これだけです。

「わんこに言葉が通じるのかな」と半信半疑で話しかけては伝わるものも伝わりません。あなたが真剣でなければその子も真剣に訊いてはくれません。

お散歩中やごはんを食べているとき、遊んでいるときなどは控えましょう。タイミングは大切です。お互いが落ち着いて話せる状況で話してください。座り直す、お手をしてくる、膝に乗ってくる、目を見つめてくる……などはわんこが聞く準備ができているサインです。

伝える早さも大事です。早口で一気に伝えるのではなく、間をあけながら、ゆっくりと真剣に「ねぇ、〇〇ちゃん、今から話すことを聞いてくれるかな？」と伝えてください。

伝える内容は必ず１つに絞ること。わんこも理解しやすくなります。その際、絶対にやめてほしいのが「ねぇ、聞いてる？ 分かった？ もう一度言うよ。聞いてよ！」とか「今伝えたこと、分かった？ もぉ～分かってないんじゃない？」など、その子を疑う言葉はNG。何度も言われれば、わんこも「しつこいな！」となります。

最後は話を聞いてくれたことにお礼を伝える。そして伝えた後の行動が少しでも変わったら「ありがとう。ママ（パパ）は、嬉しいよ」と撫でたり、ご褒美を上げたり、あなたの感謝の気持ちを伝えてください。

あなたとわんこは対等な関係です。その子を認めて尊重する。これが「心が通じ合う道」です。わんこのためにも是非やってみてください。

【第4章】

親しき仲にも礼儀あり。わんこにだって気持ちがあります

それは、人間と同じだということをお忘れなく

伝えるときは明確に伝える

「明確にってどういうこと？」と思われるかもしれませんが、これってすごく大切です。ご友人と会話をしていて「えっ？　それどういうこと」って言われたことがある人は、わんことのコミュニケーションでも同じことが起こっているはずです。

分かりやすい不明確なフレーズを3つをご紹介しますね。

その壱　「もぉ～、またしてる」

もしも、あなたがわんこだったら、「何を言われているのか、ママが何を言いたいのか」分かりますか？　このフレーズを聞いたわんこが「まずい！　ママが怒ってるぞ」とは当然ならないですし、「ママ、何を言ってるんだろう」ぐらいにしか思わないですよね？　でもあなたの中では「『ここで粗相をしないで』って伝えたのに、またしてる。どうしてこの子はこれだけ言ってもトイレじゃなくてここでするんだろう、嫌になる」という意味が含まれています。あなたは伝えたつもりでもわんこには伝わりません。これも結構あるあるです。

その弐　「そこで座ってて！」

そこってどこ？　この辺り？　マットの上？　ソファーの上？

ドッグカフェで聞こえてきた会話でした。

わんこも「えっ？　ママ、どこがいいか分かんない」とオロオロ。その後の会話に耳をそばだてていると「もぉ～ちゃんとマットの上に乗ってて。下だと汚れるでしょ～」と……。いやいや、私でも分からんわ。私だったら「そこってどこ？」って聞けるのになぁ。わんこは明確に伝えてくれたマットにスッと座りました。でもその後のママさん「もぉ〜。初めからちゃんと座っててやぁ〜」とご友人と笑っていました。もぉ〜それはママさん、あんたが悪いわぁ〜と思ったフレーズです。

その参 「ダメって言ったよね！」

いろんな状況でこの言葉をかける方は多いです。あるわんこはソファーに乗って足先を舐め続けていました。ソファーに乗るのがダメなの？　とソファーから下りて足を舐める。するとさらに「もぉ〜ダメでしょ！」わんこはフリーズするか、ママ意味不明〜とその場から立ち去ります。だってママが何を伝えたいのか分からないのです。

いかがですか？　ドキッとしませんか？　こんな伝え方をされている方が、結構いらっしゃいます。

そして必ずわんこは「ママ怒ってたの？　分かんなかった」と伝えてきますし、ママさんも「もぉ〜伝えてるんですけど」とおっしゃいます。

長年の習慣で考えたことを言葉に変換し忘れる、相手はそんなの分かっている（常識）と省略してしまう。

こういう場合、コミュニケーションが円滑に進まない原因は相手の理解力が低いのではなく、「発信者」、つまりあなたにあります。あなたは「伝える相手に責任が移動したこと」に満足しているかもしれませんが、それでは何も解決しません。「受信者」、つまりわんこがあなたの伝えたことを理解して行動することで初めて結果が出ます。

ビジネスの世界でも「5W1H」や「報連相」という言葉があるぐらいですから、言葉がある人間同士でもコミュニケーションって難しいということですよね。

それがわんことあなただったら、どうでしょうか？　お互いに「何が言いたいのだろうか？」が生じます。

アニマルコミュニケーションの依頼の中で、「ダメって伝えているのに伝わらない。どうしてでしょうか」というものがあります。

そのことをわんこに伝えると、「えっ？　ダメって言われてないよ」と、ほとんどのわんこはそう伝えてきます。

そう、ダメって明確に伝えられていないのです。

「ダメダメ、ダメでしょぉ～。本当にダメだって！」

あなたがそのわんこだったら、怒られていると感じますか？　感じたとしても、まだまだ本気で怒ってないからいいやとその行為とあなたの言葉をスルーしてしまうでしょう。

大切なのは、相手が「分かっているはず、こう思っているはず、知っているはず」という思い込みをあなたが捨てて「知らないだろう」で会話を始めることです。

そして相手が人であれ、わんこであれ、より分かりやすくあなたの想いを伝えるのが大切です。

伝えるポイントはこれだけ。

「**伝えたいことを一文でまとめること**」です。

最近はツイッターなどのＳＮＳが流行っているので、短い文章にまとめるのが得意な方もいるでしょう。

円滑なコミュニケーションの始まりは「ロスを減らす」、言葉の断捨離です。

わんこにも人にも明確に伝えるのが大事です。

「何を伝えたいのか」。一番伝えたいメッセージと伝えるべき情報を「選択」すること。自分がまとめられないものは相手に伝わらない。

わんこは言葉を真に受けます。知っておきたい要注意ポイント

こんな言葉をわんこにかけているあなた、要注意です。

わんこがいる目の前で犬友に「うちの子、バカなのよぉ～」。家族のことを「うっとうしいわぁ～。噛んだれ！」。はたまた、散歩中に前から来た大型犬のことを「大きいわんこ、怖いねぇ～」……。

まだまだたくさんありますが、はい、それダメなやつです。

「あります！」「うわっ、かけてるわぁ～」「冗談ですってぇ～」と言ってもわんこには通じません。わんこはいつでも言葉通り受け取ります。

右のセリフの解説をしますね。

「うちの子、バカなのよ」と言われたわんこは、「ママは、僕の言うことが理解で

きないんだ。ママはバカだ。もう言うことを聞くもんか」とママが呼んでも来なくなりました。

2つ目の「うっとうしいわぁ～。噛んだれ！」は反抗期のお子さんとのやり取りでイラッとしたお母さんが、ふとわんこに愚痴を言った言葉です。言葉をかけた当の本人はすっかり忘れていたので、息子さんの足を噛むわんこの行動を問題行動だと私に相談しました。でもね、わんこは何も悪くありません。お母さんの言葉を忠実に守るべく、息子さんがトイレから出てきたときに奇襲をしかけていただけでした。

「大きいわんこ、怖いねぇ～」と言われたわんこは、「お母さんが怖いって言うのだから、きっと怖いんだ。来るな！　こっちに来ないで」と大きい犬に先制攻撃を仕掛けていました。

これらの言葉は、わんこから実際に訊いた言葉です。そしてお母さんが自分に伝えたから行動に移しただけのに「なんで怒るの？　……分かんないや」と混乱していました。

わんこの気持ちをお伝えすると皆さん猛省され、今は改善されています。

私のエピソードもご紹介します。ある日、うちのわんこに「青いボールある？」と尋ねたら「ここにあるよ」と鼻でチョンってボールをつついて教えてくれました。わんこの行動は正しいですよね？　私は「青いボールを取ってきてほしい」と伝えたつもりでした。

伝え不足が積み重なった結果、大切なわんこのことを誰でもなくあなたが「うちの犬、あほやねん」決めつけることにつながります。

「取ってきてほしい」という言葉は使ってないのに、気持ちでは「取ってきてほしい」と思っていたのです。言った言わないのすれ違いはこういうところから生まれます。わんこも人間も同じです。

もちろん、長年あなたと暮らしている熟練わんこさんは、ある程度はあなたの言葉の先にある要望を予想しますが、それを求めるのはかわいそうです。だってリラックスできないでしょ。まるでいや〜な上司。「そこまで考えるん、当たり前やん！

なんで気ぃ回らんのぉ〜」と言われてる、そんな感じです。

特に一緒に暮らし始めて間がないわんこの場合は、注意が必要です。あなたとの暮らしを学び始めたばかりのその子は、長年暮らしているわんこよりも、より一層あなたの言葉を言葉通り受け取ります。言葉って大事ですよね〜。

ちなみに関西人は、最後に「……知らんけど」ってよくつけます。ひと通りしゃべってから、信憑性が高くない事柄や個人によって判断の分かれる事柄について断言を避けるニュアンスかな。知らんけど。

わんこは決して「知らんけど」は言いません。すべてにおいて断言、確信を持って行動します。だからあなたもわんこにしっかりと言葉を伝えませんか。

わんこの行動は、あなたが伝えた結果といっても過言ではない。言葉に責任を持ちましょう。

しかめっ面で世話をすると
わんこにストレスがかかる

物事を考えるときにしかめっ面になる癖のある方、要注意です。

あなたのその表情がわんこにストレスを与えているだけでなく、寿命まで短くするとしたらどうしますか？

オーストリアのある研究機関が、わんこは人の怒っている顔と喜んでいる顔の区別と各表情の意味も理解していることを発見しました。さらに家族だけでなく、散歩中に出会う他人や隣の住人の表情の意味も同じように理解し、怒っている表情を見たわんこは心拍数が上昇し、ストレスがかかることも判明しています。

アニマルコミュニケーションの依頼で「隣のおじさんを見るとなぜか吠えるんで

す」とか「男の人を見ると吠えるんです」という相談があるのにも合点がいきます。だってしかめっ面の人多いもん！　わんこは道で出会うそんな表情の人に元気になってほしくて「なんでそんな顔してるんだよ！　明るくいこうぜ〜」と伝えたくて吠えているのです。

あなたとその子の話に戻りますが、わんこのウンチやおしっこを片づけるとき、掃除機をかけているとき、家事をしているときなどなど、無意識にしかめっ面になっていませんか？

ウンチやトイレシーツを片づけるときに「くっさ！」とか「おしっこもれたわぁ〜」と言いながらしかめっ面で片づけていたら、きっとわんこは「家でおしっこをすると、ママは困るんだ。」あるいは「ここでするのがダメなんだ」と判断します。そうすると外に行くまで我慢して膀胱炎になったり、トイレ以外の場所で用を足す、粗相問題にもつながります。たった一つの表情だけで、です。

つまり、**あなたのせいでわんこが困ってしている行動が山ほどあるということ**。表情も習慣化しているとなかなか変えづらいですが、しかめっ面よりも優しい顔の方があなたの周りの人もリラックスして過ごせるようになります。すぐに始めましょう！

「眉間のシワ！　年がいくと取れへんようになるで」と私もよく祖母に言われました。今でも考え事をするときに、無意識に眉間にシワを寄せてしまうことがあります。そんなとき、うちのわんこは「何事！　どうしたん？　止めときぃ〜」と顔を舐めて気づかせてくれます。

　お金も時間もかけずにあなたの表情ひとつでわんこが健康でリラックスした生活を送れるとしたら……どうでしょうか？　今すぐ眉間のシワを止めましょう。

POINT

しかめっ面、やめてわんこに福が来る。素敵!!

他のわんこと会ったとき「かわいい」と言うのはルール違反

ここで「散歩中に遠くにいるわんこにも吠えかかるチワックスのはる君」のラブストーリーをご紹介します。この話を訊いて私もお散歩がより素敵な時間となりました。皆さんもそう感じてくださるとうれしいなぁ〜。さっ！　始めましょ。

「最近お散歩中にすごく吠えるようになりました。はる君の気持ちを訊いてもらえないですか？」とリピーターのＩさんからご連絡がありました。

Ｉさんはいつもはる君の気持ちに寄り添っている素敵なママさん。今回もはる君に「気持ちを素直に教えてほしい。できることはママも協力するよ」と伝えてほしいとおっしゃっていました。素晴らしい！　Ｉさんのお仕事はトリマーさん。このお仕事が今回の吠えることにつながっていました。

はる君に吠える理由について伺いました。

すると出てくる彼女への想いやりの数々……。

「だって他のわんこが来たら、ママが僕をほったらかしにして、その子のトリミングをするかもしれないじゃん。ママとの貴重なデートなのに。今日ぐらいはママを休ませてあげたい。だから来るな！　って吠えてたんだ」

どうですか？　私も我が家のわんこに「仕事しすぎだよ」とよく言われます。にゃんこにはパソコンをシャットダウンされたこともあります。この原稿も危うく保存する前に消されそうになりました。このときって自分では気づいていませんが、疲れているときが多いです。本当に彼らの洞察力には脱帽です。少し我が家の子の話を挟みましたが、わんこはいつでもあなたのことを気遣っているんです。

以下、Ｉさんにアドバイスした声がけです。

「はる君とのデート楽しいなぁ〜。吠えなくても大丈夫だよ。今日は、はる君とママとの大切なデートだもんね！　お仕事はしないよ。ありがとう」

その後他の犬を見てもはる君は、関心を示さず無視できるようになったそうです。

でも、面白いことにIさんがよそのわんこを見て、あの子カットしたほうがいいのになと考えると不思議と吠えるそうです。

その時は「**ごめんごめん、悪かった。はる君が最高だよ**」というとフンッと鼻を鳴らしながらママの顔を見て落ち着かれるそうです。かわいいい彼氏です。

愛するわんことのデート中に他のわんこを見て「かわいい！」「かっこいい！」と目をキラキラさせて声をかけている人をよく見かけます。

なんで？　浮気やん。私はうちの子が宇宙一かわいいくて、かっこよくて、他のわんこは目に入りません。だって私の元にやってくるという奇跡を成し遂げてくれた我が子たち、どんなときも彼らが一番です。

興味深い論文があります。正式な論文ではありませんが、イギリスの旅行会社が行った面白いリサーチで、4匹の犬に1週間心拍数を計測できるカラーをつけて、飼い主とのやり取りによる変化を観察したところ、飼い主が「I LOVE YOU」と声をかけると犬の心拍数が平均で46％上昇したのだそうです。「愛してる」と言われると犬も心臓がドキドキするということですね。このようなリサーチの数々から、犬たちは人間の言葉に込められた感情やニュアンスはかなり正確に把握していて、言葉の意味も学習によって理解できるということが分かります。

つまり、あなたが普段わが子にかけている、ほめ言葉をお散歩中に他のわんこにかけているのがどういうことかお分かりいただけると思います。はい、最悪です。あなたの顔を見ると、他の犬を見ながらキラキラうれしそうで声も弾んでるんだから、わんこはたまったもんじゃありません。お散歩だって嫌いになります。

想像してみてください。あなたが愛する人とデートをしているとき、その人が他の人を見て「うわっ、めっちゃかわいい！」とか「かっこいい～♡、いいなぁ～」

と興奮気味に言ってきたらあなたはどう思いますか？　ねっ最悪でしょ。

私だったら無言で爆走して家に帰り、旦那を締め出します。

それができず、あなたについて歩かないといけないわんこのことを思うと、ほんまにかわいそうになります。

「この子、お散歩が嫌いみたいなんです。理由を聞いてもらえないですか？」というご依頼がありますが、まずは胸に手を当てて考えてみて！

気を付けて！　そのひと言が家庭崩壊への一歩です。わんこの気を引くのもほどほどに。

使っていませんか？ わんこを委縮させるNGワード「なんで！」「どうして？」「もぉ！」「また！」

スマホを見るたびに、わんこが邪魔をしてくる。そんなとき「もぉ！」「どうして？」とイライラしながら言ったことはありませんか？

スマホを見ようとすると必ずわんこが邪魔をしてきて困っている、なんとかしてほしいとある日、依頼がありました。

仕事をされているママさん。帰宅後、わんこのそばでくつろぐときに、スマホを出していると、脇の間からぐいぐい頭を入れてきたり、スマホの画面にお手をしたりして、いつも邪魔をするので、イラついてしまう……とのこと。

あなたはどうですか？　スマホを触っているときにわんこが来て「うっとうしい」と言ってしまったり、言葉を発しなくても、無言で別の部屋に行ったことはありませんか？

スマートフォンが嫌いというわんこは結構多いです。今日はそんなわんことママさんのエピソードをご紹介します。どなたにでも当てはまる話なので、是非わが子の声だと思って読み進めてくださいね。

「だって、せっかくのママとの時間なのに、僕を無視してずっとスマホをいじってるんだもん。だから、ママの脇の下から顔をぐりぐり突っ込んで、スマホの操作をやめてほしいと訴えてるんだよ。なのに、なのにだよ！　ママは『邪魔しないで！』って怖い声を出してイライラするの。僕のこと大切じゃないの？　僕はママといちゃいちゃしたいのに」

この言葉を訊いて私自身もハッとして、うちのわんこに「ごめんね」と謝ったのはいうまでもありません。あなたはどうですか？

以下、ママさんにアドバイスした声がけです。私もだわ、と思い当たった方は是非、参考にしてくださいね。

「ごめん、あと10分待ってて。このLINEを返したら、○○君との時間だよぉ～♡」というようにどれだけ待っててもらいたいか、時間を明確に伝えるようにとお伝えをしました。するとその子はしっかりと待ってくれるようになったそうです。しかも笑顔で！　でも約束の10分が過ぎると「早くやめてよ。時間でしょ！」と脇をぐりぐり。その行為も愛らしいと感じられるようになったそうです。

あなたが発している「もぉ！」「ちょっと！」「じゃま！」という言葉と、わんこの心の声を訊いて、どう感じますか？

わんこの誤った（あなたがそう受け取った）行動をたしなめるために叱るのではなく、「ほんまに腹立つわぁ～！」とその状況に腹を立てて怒っているのです。

当然わんこはあなたが怒っていることに不安を感じます。自分がしたことに対して理解を示さずにぷりぷり怒っているのですから、当然わんこは混乱します。まっ、人もそうですけどね。

「またなんかイライラしてるよ。ヤダな〜」と感じます。さすがに大好きなママであっても、なんか苦手だなと感じるようになり、最終的にあなたとわんこの信頼関係は崩れます。


わんこは、ちゃんとした理由があってその行動をします。

こういう言葉がけをされているご家族によく出会いますが、そういう方に限ってほめることをしません。怒ってばかり、押さえつけてばかりなんです。そしてほとんどの方がご自身にもめちゃくちゃ厳しい。完璧であることを自分に求め続けています。

だからわんこにも同じように完璧を求めるのです。それはダメです！　あなたとわんこは家族だけど別の人格（犬格）なんです。

わんこが委縮してしまい、身体まで壊す前に是非ほめて育ててあげてください。

「なんでなん！」「なんで噛むん！」「なんで吠えるん？」「また粗相して！　何度言ったら分かるの！　あほ犬」いいえ、あほなんはあなたです。

わんこは、あなたに分かってほしくて行動に移します。人だったら気分転換に出かけたり、あるいは、会社を辞めるなどの選択肢もあるでしょうが、わんこにはそれができません。いてもたってもいられず追いつめられて家出をするわんこ（人側からは迷子と呼びます）がいますが、これもすごく不幸です。

家庭環境や、あなたが変わらないと、わんこは家出を繰り返します。わんこの家出は、事故など死にもつながりかねない、とっても危ないこと。そうなる前に自分の言葉を見直してほしいです。伝える前にこれでいいかなとワンクッション、一呼吸おいて伝える。そうすればあなた自身も冷静になれますし、かける言葉も抜群に優しくなります。

人にもわんこにも自分に優しく生きる選択をしませんか。

POINT

わんこを長生きさせるためにも威圧的な言葉は慎むべし！　怒るのではなく叱ってほめる、これが一番大事。

言われてうれしいポジティブ言葉、うれしくないネガティブ言葉

「うれしい！　元気になれたありがとう！」と、反対に「なんでそんなこと言うのだろう。憂鬱になる」……相手がなんとなく言った言葉があなたの気持ちに影響するってことたくさんありますよね。

ちなみに関西人の私は「あほちゃう」と言われると何とも思わないですが、「バカじゃないの」と言われたら、イラッとします。同じ意味でも環境によって大きく受け取り方が異なりますよね。当然わんこにもそういう言葉があります。

今回はわんこがあなたにかけられてうれしい言葉とうれしくない言葉を簡単な事例を交えながら伝えていこうと思います。

一つ目は保護犬さんの例です。

「『かわいそうにねぇ。つらかったよね。どういう生活をしてきたの？』といつも声をかけてくるんだ。この言葉をかけられるたびに僕ってかわいそうなんだね。かわいそうだからママは僕を選んだんだ。僕を好きで家族にしたんじゃなかったんだ。ママはね、僕にこの言葉をかけるとき、うれしそうに僕を撫でているの」

と、ある保護犬さんが話してくれました。

「どうしてママがうれしそうにしていると感じるの？」と聞くと、「ママは、いつもこの言葉を言った後、微笑みながら頭にチュッてして僕を抱きしめてくれるからだよ」と何とも言えない表情で伝えてくれました。

そして続けて「ママが『いつもおなか空いてたでしょ、毛につやがなくて栄養不足だものね、私がおいしいごはんを作るからね』と話しかけてくる。その後、僕とごはんを一緒に並べて写真を撮るの。僕が笑うよりもかわいそうな顔をしているほうがママはうれしいみたい、だから笑わないの」と伝えてきました。

ママさんに聞くと、「かわいそうに」と無意識に話しかけていた、言われるまで気がつきませんでしたと、ご本人が一番驚いておられました。

お伝えをした後も「かわいそうにねぇ～。この子、保護犬出身なんです。すごく苦労してきたみたいで、ねぇ～○○ちゃん、大変だったのよねぇ～」とご友人とわんこに話しかけていました。たまたまご友人と私は知り合いでしたので、ご友人に毎回指摘していただくようにお願いしました。

ママさんは、このわんこがとても苦労してきたので、私が幸せにしたいという意味を込めて伝えていたとご友人から聞きました。そこでママさんには「うちに来てくれてありがとうね！　たくさん楽しいことをしようね」と伝えてくださいとお願いしました。そうすると少しずつわんこが笑顔になってきたそうです。

「かわいいね。幸せになろうね！　といつもママとパパとお姉ちゃんが笑顔で話しかけてくれるの」とうれしそうに話してくれる保護犬ちゃんがいました。この子は足が悪くてレスキューされた後も手術を何度も受けていました。でもご家族が「元気になろうね、足がよくなったらお散歩しようね！」と明るい声で励ましながら話かけていたので、リハビリも頑張ってどんどん歩けるようになったそうです。

私にも「みんなが私のことをかわいいね、大好きだよ元気になろうね！って話してくれるし、元気になったらいろんなところに行こうって話してくれるからウキウキするの」と伝えてくれました。

同じ境遇で過ごしてきたわんこでも、言葉がけ次第でこんなにも違います。過去にとらわれて「かわいそう」と言うよりも未来に向けて「楽しいことを想像して伝える」。これがとても大切なんです。

もう一つは男の子のわんちゃんです。

「かわいいねぇ〜、ぬいぐるみみたーい」と、お散歩中よく話しかけられる、プードルの男の子。「そういうときにママがうれしそうでニコニコしていて、『あなたは私の天使だものね！』と話してくれるから僕もうれしいんだ」と生き生きと伝えてくれました。

この子のご家族は皆さん「人と犬だけど、そういうのじゃないの。なんだろう……犬って意識したことないかな。家族だからね」と言うぐらい本当に普通にわんこに話しかけるように話をされていますし、パパさんもママさんも同じように話かけていました。だからこの家ではけんかもするし、笑い合いもする、男の子なのに「かわいいね」もほめ言葉なんです。

「『かわいくしないとね！　リボンで着飾って、見た目もかわいいからピンクのお洋服着ようね』とパパが話しかけてくるんだ」と、どんよりと伝えてきたわんこがいました。この子も男の子です。

お写真で拝見したお顔は確かに女の子のように優しいきれいなお顔をされていました。美形です。だからご家族のお気持ちも分からなくもないですが、わんこにしたら女装させられ、自分の容姿ばかりほめられてもうれしくないのも当然です。

この二つの声がけの違いにお気づきですか？

「かわいいね」と「かわいくしないとね」です。前者はわんこに「あなたは身も心も私にとってかわいいの」と伝えているのに対し、後者は「あなたの見た目がかわいい。見栄えがするから着飾りたい」と彼の心は置き去りですよね。後者のわんこはいつもどんよりとしていてご家族が呼んでもそばに来なかったそうです。今は男の子らしい服を着せてもらい「かわいいね！」と声がけを変えていただきました。するとちゃんとそばに来て甘えるようになったそうです。

同じ「かわいい」でもこれほど違うのです。

そんなこと言われると、話しかけるのってすごく難しいから無理だわ。あなたはアニマルコミュニケーションができるからいいけど、普通の私には無理でしょ！と思われる方もいるかもしれませんが、大丈夫です。その子がうれしそうに尻尾を振ったり身体を寄せてくる、写真を撮ると笑顔の写真が多い。「あ～気持ちいい」とか「楽しいね～」と口に出しちゃう。そんな風にわんことご自身が過ごすようにすればいいだけ。なによりも難しく考えないのが大切です。

その子があなたならどう声をかけてほしいですか。あなたがかけてほしい言葉がわんこのほしい言葉です。

【第5章】

あなたもわんこもハッピーになる、生活習慣

言葉がけだけでなく、心がけてほしいこと

朝目覚めたら、挨拶をしよう。たったひと言でみんなが「大吉」！

朝、あなたが目を開けたその瞬間は神聖な時間です。純粋で優しいエネルギーに満ちあふれています。

「おはよう」と声を発するとあなたの心の扉が開きます。そして扉からあふれた、あなたの優しいエネルギーがわんこに降り注ぎ、あなたもわんこの笑顔を見てエネルギーをチャージできます。

ディズニーの「白雪姫」も「眠れる森の美女」も目が覚めて新しい人生orハッピーエンドになりました。そう！　毎朝新しい人生が始まると意識すると一日がとても素敵に感じます。その日がキラキラ輝くのか、つまらないものになるのか、大げさかもしれませんが「おはよう！」の挨拶にかかっています。

前置きが長くなりましたが、あなたはわんこと一緒に寝ていますか？　それとも別々で寝ていますか？

一緒に寝ている方は、あなたの横ですやすや眠っている、愛するわんこにそっと触れてわんこを目覚めさせてあげてください。あなたがその子を新しい一日へいざなうのです。そして目覚めたわんこの目を見て、あなたを大切に思っているよ、あなたと生きているこの時間がとても素敵なのという気持ちを込めて、「おはよう！」と声をかけてください。

一緒に寝ていない方は、あなたが起き出した音でわんこは目覚め、「ママが起きてくるぅ〜。うれしいなぁ〜」と尻尾を振りながら、あるいは、眠い眼を一生懸命開けてあなたが来るのを待ち構えています。わんこが起きているのにスルーして台所に行ってお湯を沸かしたり、お水を飲んだりする前に、その子の目の前に行って「おはよう！　今日も一日よろしくお願いします」や「いい夢見たかなぁ〜」などと話しかけてあげてください。

普段「おはよう」という習慣がない方は照れくさいかもしれないし、違和感があるかもしれません。でもね、相手はあなたの愛するわんこです。恥ずかしがらず、声をかけてみてください。

そしてわんこの身体に手を触れ、わんこの呼吸と温かさを感じてください。その子の存在を毎朝確認することで、大げさかもしれませんが、その子と出会った奇跡や、そばにその子がいてくれる日々、さらには、太陽や月、木々、風、雨、自分が生きていることにさえ感謝できるようになります。

あなたが朝から元気だとわんこも元気いっぱいで一日を始められます。

私は毎朝、兄弟わんことにゃんこに「おはよー！」とハグをしながら声をかけています。するとね、みーんな大きなあくびをしながら、とても優しい顔で「おはよう。大好きだよ」と返してくれます。「もぉ〜起きたくない〜」とゴロゴロしちゃうぐらい、幸せな時間を毎朝感じています。

今日も素敵な一日になりますように。

「自分を解き放て！」。心の持ちようを変えるだけで一日気分よく過ごせます。おはよう！

留守番のスペシャリストになってもらおう。留守中の不安を取り除くには？

第3章でも書きましたが、わんこにとって留守番が不安なのは、あなたが絶対に帰ってくるかどうか分からないからです。

そんなおおげさな〜って思われるかもしれませんが、わんこにすれば一大事です。

では、留守番のスペシャリストのわんこさんはどう過ごしているかと言うと、「ふわぁ〜ママが帰ってくるまでゆっくり寝よっと。ソファーの上でクッションにまみれて寝るのもいいなぁ〜。いつもダメでしょって言われる、ひんやりした玄関で寝よっかなぁ〜。帰ってきたときのお出迎えはどうしたら喜ぶかなぁ〜。大好きなママのためにさっ、今日も充電充電っと。ママが帰ってきたら、ゆっくり寝られないもんね、だってママの目の前で寝てると、ママったら、なんでこっち来ないのよぉ〜って拗《す》ねるんだもん」。

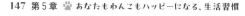

すんごい余裕でしょ。全然違いますよね。一人の時間を楽しんで過ごしています。

この違いはなぜ生まれるのか、それは、わんこに信頼してもらえているかどうか、ただそれだけ。

「えっ！　私信頼されてへんの？」

そうですね～。残念ながら、そうです。だって自分を不安にさせるスペシャリストを誰が信頼できますか？

でも心配ご無用です。その子に家を守るお仕事をあげてください。そして絶対に帰ってくるからと安心させてあげてください。

では、どうするか。ひとつずつ伝授しますね。


まずは、**一つ目**、あなたがスーパーマンやウルトラマンになる。正義のヒーローのように**「安心して！　私は絶対に帰ってくるから」と伝える**。

二つ目、留守番の時間を楽しい時間にする。知育玩具や家中におやつを隠して、宝（おやつ）探し遊び。けっこう楽しんでくれます。でも誤って飲み込むような大きさのものは危険なのでやめてくださいね。ゲージ（自分の家）で待つ子の中には、おやつが出てくるおもちゃやリラックスする音楽をかけてほしいと伝えてくれた子もいました。

三つ目、環境を整えてあげる。いつも通りあなたとその子が過ごすような環境を整えてあげる。帰りが遅くなりそうなら、テレビ、電気をつけて出かける。あるいは、アロマを焚いてあげる。音楽をかけてあげる。そう、いつも一緒に聴いている音楽をね。

あとは、室内の温度調整も大切ですし、その子が一人で過ごす間に事故が起きないように気をつけるのも大切です。うちは大型犬なのでコンロをロックしたり、変なものを口に入れないようにお風呂の扉はきっちりと閉めています。

最後は、私がこれまでずっと伝えている、声がけをしてください。

「仕事に行ってくるね」「買い物に行ってくるね」など毎日声を掛けてから出かけるようにしてください。ほとんどのわんこがなくのをやめて、一人の時間を楽しめるようになります。

あっそうだ。「帰ってきたときにすごくないてまとわりつきます。留守番が苦手なのでしょうか」とわんこに訊いてほしいという依頼がありますが、実は、そうやって出迎えたら、ママが喜ぶから、わざとしているというテクニシャンわんこもいることを忘れずに伝えておきます。

わんこに余裕が生まれるように、あなたと過ごす時間と同じ環境を整えるのが大切です。

わんこのごはん時間は家族の会話を増やすチャンス！

「私が来てから家族がよく話をするようになった。家族が仲良くなったの。これが私の仕事よ」とうれしそうに伝えてくるわんこが、かなりいます。その反面「よくスマホをいじってる。私がいるのに」と伝えてくるわんこもいます。

総務省通信利用動向調査によると、スマホの普及をきっかけに２００９年頃から家族団らんの時間が減少し始めたそうです。それにより家族の会話やコミュニケーションが減少しているのだといいます。なんだか、同じ場所にいるのに全く会話をしないのも当たり前の時代になってきたようで寂しく感じます。私が小さい頃は道で泥んこになって遊んでいたのに、同じ場所にいても、ひと言も話さずゲームをしている子どもたちを見ると将来が不安になります。

そこで一肌脱いでくれるのがお犬さま。彼らは家族を一つにしようと気遣ってくれます。

特に「**わんこのごはんの時間は家族の会話を増やすチャンス**」です。

わんこが尻尾を高速回転させながらごはんをおいしそうに食べ、口の周りにたくさんごはんをつけてうれしそうにこちらを見て微笑む。その姿を見て家族が「そっかー、おいしいんだね～。よかったね～。お母さん、すごい勢いで食べてくれてるよ」と会話が弾む。

ごはんの中にある薬を見つけたわんこがどんよりした顔で静かに座り、家族とごはんを交互に見つめる。そんな姿を見て、「うわっ、薬見つけたんや。すごいなぁ～。天才やん」と思わず声をかけたというご夫婦。

手作り食をしているおうちの場合は「人参おいしそうに食べてるやん！　あんたもちゃんと食べんと○○に負けるよ」と息子に話しかけたら、「僕も食べる」と頑張って息子が食べるようになりましたとうれしそうに伝えてくれたママさん。

そんなご家族もいらっしゃいました。

さらにとても印象的で面白かったのが、口の周りに食べかすをいっぱいつけて走ってきたわんこの話。パパのズボンで口を拭いたのを見て、家族が大笑いしたそうです。

アニマルコミュニケーションのご報告の際に「○○ちゃんに伺ったのですが、○○ちゃんが来てから家族の会話が弾むようになったそうですね」と伝えると、皆さん「そうなんです！　○○ちゃんのおかげです」と楽しそうに声を弾ませて話してくださいます。

そして私が「○○ちゃんが、『私は家族を仲良くさせるために来たの。私のおかげでみんなよく話をするようになったんだよ』と伝えてくれましたよ」とご家族にお伝えをすると、皆さん、涙声で「本当にその通りです。○○が来てから家族の会話が増えました。旅行もよく行くようになりました。もちろん○○も一緒に行きます」と話してくださいます。

わんこはご家族にとっては幸運の神、座敷童、天使なのかもしれません。

ちなみにうちのわんこはたまに作る手作り食が大好物で「おかわり！　もっと！」

と大はしゃぎします。

その満面の笑みとうれしそうにスキップをする姿を見て、私が「毎日手作り食食べたいよな～。パパに稼いでもらわんとな」と言うと、主人が「僕はいつも君たちのために身を粉にして働いていています」とうれしそう（？）に、わんこに話しかけています。わんこはこっそり私に、「そやな。もっと働いてもらお♪　お肉ももっと入れてほしいもん」と話しかけてきます。もちろん主人には内緒ですが（笑）。

本当に不思議で愛らしい存在、それが「わんこ」なのです。

ごはんは楽しい時間。自然と会話が弾みます。

スキンシップは犬育の基本。幸せホルモンであなたもわんこもハッピー

大好きなわんこを撫でているといつもすごく幸せになる。わんこの笑顔を見ると「あ～幸せすぎる」とつぶやいている、それは、その子が大切だからというのもありますが、幸せホルモンが分泌されているからでもあります。

幸せホルモンと呼ばれるものは大きく分けて3つあります。

一つ目は、抱きしめたりお互いの身体に触れ合うことで分泌される、愛情ホルモン「オキシトシン」です。母親が乳児を大切に育てるために授乳や触れ合い時に分泌されることなどで知られています。心に安らぎを与える作用があります。

二つ目は、規則正しい生活をすることで分泌される、ポジティブホルモン「セロ

トニン」。

最後三つ目は、達成感と自己肯定で分泌される、モチベーションを引き出す「ドーパミン」です。

これらはあなたとわんこが触れ合うと双方に分泌されるお得なホルモンです。

これらのホルモンが分泌されると精神的にも身体的にもストレスのない状態で生活を送れるようになります。日々の小さな触れ合いや出来事がわんことあなたをハッピーにするので、是非日常で意識をして取り入れてください。


では日常に落とし込んで解説していきますね！

「オキシトシン」、これはもう二人でスキンシップしまくる。このひと言に尽きます。ギュッて抱きしめたり、抱っこをしてあげたり、わんこに膝に乗ってもらったり、頭を撫でてあげたり、顔を舐めてもらったり。そうするとお互いに口元が緩んできませんか。言葉で表現すると「癒されるぅ〜」そんな感じです。ちなみにうちの主人はいつも「やばい！　かわいすぎてよだれが出る！」とうれしそうです。調べると唾液は若返り効果があるらしいです。

「セロトニン」はわんこと二人で過ごせば自然と増えます。

お散歩&日光浴をする。わんこに語りかけ、道の草花を見つけて、さらにわんこと微笑み合う。一緒に寝ている人は寝るときにスマホなどを見ずにわんことお布団の上でゴロゴロする。これで完璧です！

あれもしなきゃこれもしなきゃは考えずに、これをすればいいんだよ〜と気楽に考えるのがGOOD！


「ドーパミン」これは時間を意識して小さいゴールを設定すればOK。第3章でお伝えしたように時間を意識して暮らすだけでもすごく変わります。そして小さい目標を設定するのも大事です。

「お散歩を一日2回、30分ずつ行こうと思ったのに1回20分しか行けなかった」と「お散歩を一日1回15分行こうとしていたところ、20分行けた！」成果は同じ、20分ですが、達成感が大きいのは後者。

目標は小さく設定するほうが、もっとやってみようとやる気も達成感も感じられて、ドーパミンが分泌されやすくなります。わんこにもちょっとだけ「マテ」をしてもらう、ボールを取ってきてもらうなど、日々ちょっとした目標を設定してほめてあげてください。

わんこがいることで自然とハッピーになれる奇跡。本当に素敵ですよね！

お互いにホルモンを補充し合う。どっちがたくさん出せたかな？　とってもお得で楽しいハッピーエクササイズ。

自分を肯定されると、わんこだって自信が付きます

わんこに自己肯定感？　自分のこともよー分からんのにわんこに自己肯定感って……というあなた、あれっと気づいた瞬間からあなたもわんこも幸せになります！

ところで自己肯定感って何だと思いますか？　自己肯定感とは、自分の存在そのものを認めること。平たく言えば、他人と自分を比べず、ありのままの自分を唯一無二の存在として肯定すること。

わんこの場合は、わんこが家族の愛で満たされ「自分は家族に必要とされている」と自信を持つことだと私は考えます。

わんことアニマルコミュニケーションでお話をすると「パパが仕事から帰ってきたら走って玄関まで行ってあげてくるくる回ってあげるの。パパすごくうれしそうに『ただいま』って言ってくれるの。疲れたパパを癒やしてあげるんだ。私が笑う

とパパはうれしそうに笑って抱きしめてくれるの。パパは私のことが大好き。パパをリラックスさせるのが私の仕事なの」とうれしそうに伝えてくれたわんこや「私がいるからママはたくさんの人間の友だちができたの♫　私ね、どんどんママを外に連れ出してるの。もぉ〜大変よ」と笑顔で伝えてくれたわんこもいました。もぉー、なんて素敵なんだろう。

ではどうすれば彼らの自己肯定感が高まると思いますか？

それは簡単です！　その子を信じて日々過ごすこと。めっちゃ簡単でしょ！　「こうしないといけない！」はない。

自信を持ってください！　わんこが自分であなたを選んであなたのところに来ています。あなたと家族になれた時点でわんこは幸せなのです。だから、肩の力を抜いてその子との時間を楽しめばいい。「人と犬、大人と子ども」違いはないねん。相手を認めてあげることから始める。それだけ。犬って考えるから分からんようになるってこと。

具体的には、「なんでおしっこ、ちゃんとでけへんの！」とか「あのわんこはできてるのに」とか否定する言葉を言わないこと。こういう言葉を発しているときのあなたのエネルギーもなかなか、どす黒いのでやめましょう！

でけへん理由を聞いてあげてください。そしてその言葉をポジティブに伝える工夫をしてください。

たとえば「**おしっこ、ちゃんと出てるね。良かった。でもトイレでしてくれたらもっとうれしいな**」とか「**あなたはあなただよ。笑顔は最高やもん！**」とかほめる、**認める、笑顔を向ける**。

犬友を選ぶことも大事です。

「食育、育て方など、自分のルールを何でも押しつけようとする人」とはすぐに縁を切ることをおすすめします。ろくなことはありません。

私には苦い思い出があります。うちの長男犬が1歳の頃、ホワイトシェパードのオフ会に参加したことがありました。そのときに自分のルールを押しつける人に「大型犬は叩いて言うことを聞かせないとダメ！　今すぐ試しに叩いて！」と言われ、周りの圧力に耐えかねて、リードの端で鼻の先を叩かされました。そのとき長男犬はショックでキャンと声を出しました。とても悲しそうな目をしていました。目に涙を浮かべ、ポロっと涙が流れました。なんてことしたんだろう。私はその場からすぐに立ち去り、帰る道中、車の中で泣きながら長男犬に「ごめん。私の自信がないばかりにごめんなさい」と謝りました。

1週間、私と長男犬は憂鬱な顔で過ごしました。でもそれがきっかけで人の意見に振り回されるのをやめました。自分で考えるようになりました。自己肯定の始まりです。しつけの本を全部捨てて、グループラインも退会し、イベントにも参加せず、彼と私の家族のルールを決めました。負のつながりを断つとね、ちゃんと、いい出会いもあるから、モヤモヤフレンズとは縁を切りましょう！

わが子（犬）の良いところは、あなたが一番よく知ってるでしょ！ それをその子に伝えるだけ。それだけで、どんどんその子は自信を持ち幸せに過ごせるようになります。

私はうちの子がボールを持って離さないときは、「気に入ってくれたんだね！ありがとう」と一旦ほめてから「ずっと持ってたら遊ばれへんやん。ボールちょうだい」と伝えてボールをもらいます。うちの猫と背中をひっつけて寝ている大きなこの子を見て「ほんまに優しいな。大好きだよ」と抱きしめながら伝えます。そうすると鼻をならして笑うんですよ。ほんまに最高にかわいい！　彼に笑顔が増え、彼は自分に自信を持って自分の考えを伝えてくれるようになりました。こうなると、肯定感がどんどん高まっていきます。これが大事！　是非やってみて。

私もね、今じゃ自分が大好きです。「ええやつやんっ！」って思ってます。自分の味方は自分なんです。

一番大切なのは、「自分は存在するだけで喜んでもらえる」ということ。お互いが相手をかけがえのない存在と感じ必要とし合うこと。そう！　誰が上でもなく下でもない、フラットな関係かな。こうなるとあなたの自己肯定感も高まり、家族がめちゃ幸せになりますよ。是非、試してみて！

あなたの代わりはいません。その子の代わりもいません。あなたもその子も世界に一つだけの存在。それに気づくことが一番大事です。

何がしたいのか？　わんこの意思をたまには優先してあげよう

大好きなわんこに、何がしたいのか聞いてあげたことはありますか？　えっ聞いてるよ。「お散歩行く？」とか「ごはん食べる？」ってちゃんと声をかけてます！　という方はいらっしゃるかと思いますが、それはあなたがその行動をすることをすでに決めてかけている言葉。だから厳密にいえばわんこにどうしたいかを訊いてはいません。

しつこいぐらいお伝えをしていますが、「わんこは家族です」。だから、ちゃんとその子の意志を訊いてあげてください。

私が日々実践していることを2つほどご紹介しますね。

一つ目、ごはんのチョイス。飛行機に乗っているときに「フィッシュ or チキン」

というあれです。選べるってすごくウキウキしませんか？　たった2つしか選択肢はないのに、なんだかお得感がありますよね。

ごはんはワクワクする時間です。ほとんどのわんこの「好きなもの」の中で、ごはんが上位を占めています。


「わんこと楽しく遊べる鼻タッチ」トレーニングをご存じですか？　わんこもあなたもニコニコしながらきっと遊べます。是非チャレンジしてみてください。

ちなみに我が家は、左右の手に味の違う缶詰を持って「今日はどっちがいい？」と訊くと鼻で食べたいほうをチョンとタッチしてくれます。手作り食の場合は、鶏肉とお魚どっちがいい？　と訊いてみたり。どっちも食べるって伝えてくるときもありますが、最後はちゃんと選んでくれます。

わんこにもそれぞれ伝え方があります。それに気づいてあげてください。はじめはわんこもあなたもかみ合わないかもしれない。でも、ちゃんと自分に訊いてくれたという満足感がわんこに芽生えます。

二つ目は、お散歩の分かれ道、「どっち行く?」です。ドッグトレーナーさんによっては、わんこがわがままになるという方もいらっしゃいますが、私はそんなことはないと思います。

散歩からの帰り道に、「どっちが近いかなぁ〜」とか「さぁ〜チョイス・ターイム♪　左?　右?　真っすぐ?　どの道を行く?」とわんこに選ばせてみてください。マンネリな散歩の時間がたちまちウキウキな時間に変わります。あなたが知らなかったカフェやお店が見つかることもあります。

散歩の帰り道で疲れているときはわんこが最短コースを選んだり。リピーターさんからもお散歩のコースは「私が決める日」と「○○が決める日」があるんですよと、ご報告をいただくこともあります。

わんこは、あなたが自分に気持ちや要望を聞いてくれると分かると、伝えたいことをちゃんと伝えてくれるようになります。

まずは、あなたがわんこに「どうしたいのか?」「何を食べたいのか?」を訊いてあげる。声をかけてあげることから始めてください。

わんこはあなたが訊いてくれたという事実だけで、とても喜んでくれます。あっ、訊いた以上はわんこが伝えたことは実行するのをお忘れなく！

わんこにも意志がある。訊いてあげることでわんこがどんどん自分の感情を伝えてくるようになります。

終わりよければ全てよし！一日の締めくくりは感謝の言葉で

「終わりよければ全てよし！」ウィリアム・シェイクスピアの戯曲『All's well that ends well』が語源だと言われています。

実はあなたよりもわんこが毎晩そう思っています。それぞれの立場で一日を見てみましょう。

わんこは毎日、あなたの気を引くために試行錯誤しながらアプローチしています。お外からやっと帰ってきたママに、ほめてほしくてまとわりつくと、決まって「踏むから、もぉ〜！　今帰ってきたばっかりやから、待ってって！」と振り向かない。作戦失敗ですね。

遊んでほしくてママが取り込んだばかりのタオルを盗んで走り出す。ママが追いかけてくれて、遊んでくれたぁ〜と作戦成功したわんこ。

得意の「立ってジャンプ」や「くるっくるっ！」と回って、やっとの思いでとっておきのおやつをゲットしたわんこもいます。

わんこは一日の終わりに、ふぅ〜とため息をつきながら、ママとの一日を思い出しています。

たとえば「今日はおやつをゲットできたなぁ〜。でも、うるさいとも言われたな。ママったらさ携帯電話をいじってばかりで僕を無視する時間もあったけど、最後はかわいいって言ってくれたな」「今日もいい日だった」と満足げにゆったりと眠りにつきます。わんこにだって気持ちがあるんです。

そしてあなたも、今日も一日、帰ってきたら玄関で思いっきりわんこに飛びつかれてよそ行きの白いズボンが汚れたことや、取り入れたきれいなタオルをわんこに盗まれたこと、すんごいプレッシャーをかけられて、おやつをあげてしまったこと……、色々あったと思いますが、わんこと一緒に過ごす中で、なんだか無性にハグをしたくなる時間、この子がいてくれてよかったぁ〜と感じる瞬間はあったはずです。

「**今日もそばにいてくれてありがとう。大好きだよ、○○ちゃん、いい夢見てね、おやすみなさい**」そう声をかけながら、頭を撫でてあげてください。そしてご自身の胸にも手を当てて「**今日もありがとう、私**」とご自身にも感謝をしてください。

おやすみなさい。また明日。

一日にいろんなことが起こります。立場が違えば感じ方も違うけど、一緒に暮らして一緒に眠りにつく瞬間は素敵な瞬間です。

【第6章】

犬生をより良いものにするために

闘病中&介護中の犬には、かけてあげたい言葉がある

床ずれにならないように確認してあげてください

ついこの間、家族になったばかりなのに、口の周りに白髪が目立つようになってきた。わんこの一生はあっという間です。

人と同じでわんこもシニア後期になると、寝ている時間が長くなります。動かないから食が細くなり、筋肉も痩せて骨が目立つようになります。そうなってくると床ずれの危険性が高まります。床ずれになりやすいところは骨の出っ張っているところです。頬、肩、ひじ、膝、腰、足首は特に注意が必要です。

うちの祖父は1年ほど自宅で寝たきりで床ずれになっていました。皮膚が赤く擦り傷のようになって、その後壊死が始まりました。本当にあっという間になるので注意が必要です。祖父はかなり痛がっていました。筋肉が減ってきて自分で歩けないので、トイレにも行けず、祖父はかなりストレスがかかり、毎日イライラしていました。

わんこも同じように、痛くてないたり、何とか体勢を変えようと、もがきます。もがくことで寝床と足首や他の部分が強くこすられてしまう。そうなると床ずれと同じような状態になってしまいます。

床ずれは老犬には、避けて通れないものです。シニア期のＱＯＬ（犬の生活の質）を向上させるためにあなたにできることは、まずは床ずれについての知識を得ることです。知れば対処できるし、怖くもなくなります。

まずは床ずれができる前にチェックしましょう！　骨の出っ張っているところを触る。熱を帯びていたら、クッションなどをかましてあげる。体位分散できるようなものを敷く。赤くなってきたらより注意をしてケアをすること。身体が湿気を帯びてきたり皮膚が汚れてきたりして、不潔になっても床ずれは進行します。しっかりと注意をしてあげてください。

本当の初期の初期はその部分が炎症を起こして他の箇所よりも少し熱を持っています。2～3時間ごとにそういう部分に触れ確認してあげるのも大事です。

私は寝たきりの愛猫の介護を3か月ほどしていましたが、あんなに小さい猫でも2時間おきの体位変換や体をほぐすためのマッサージやストレッチはすごく大変でした。でもそのおかげで床ずれにもならず、旅立たせることができました。

2~3時間ごとに確認するのって本当に大変です。えっ、もう2時間経ったの！と嫌になることもあります。

留守の時間が長い方は、いまの体位変換を読んで不安になられたと思います。安心してください。大丈夫です。そんな方に気をつけてほしいことを今から3つ紹介します。

一つ目は、犬が楽な姿勢で気道が伸びる姿勢にしてあげてください。要は見ていて息が楽そうな姿勢です。

そして二つ目は、体を傾けてあげること。真横に寝ていると片方の肺が圧迫されるため息がしづらくなります。

そして三つ目は仕事から帰ってきたあなたのケアの時間を少しでも効率的にするために、お尻周辺と尻尾の毛刈りをしてあげてください。これでお留守番を乗り切れると思います。

私がお話をしたシニアわんこは、お尻が汚れてると気持ち悪い、おむつの股の締め付けもきついのも嫌だと伝えてきました。そちらも合わせて気をつけてあげてください。

これからの生活が不安になった方もいると思います。でもね、若い頃はギュッてハグできなかったその子が体をゆだねてきたとき、嫌がっていた足先を揉んであげると、目を細めてうれしそうにしているのを見たとき、新たな一面を感じられる時期でもあります。

今までたくさんあなたを元気づけてくれたわんこを、今度はあなたが元気づけてあげる番です。

ごはんの器と高さで首のこりを防止する

私たちも食事をするテーブルが低いと食事がしづらいですよね。

試しに一度、手を使わず低いテーブルに置かれた食べ物を口だけで食べてみてください。どれだけしんどいか……。首も腰も痛いし、飲み込みにくい。そして食事もおいしく感じられなくなります。

私がシニア期のわんこさんに訊いたご要望です。

- 器の高さを高くしてほしい（器の下に台を置いてほしい）
- 器を動かないようにしてほしい（台の下に滑り止めを敷いてほしい）
- 器は丸い方が食べやすい（四角い角があるような器だと顔を左右に動かさないといけないので食べづらい）

🐾食べている間はそばにいて食べ物を食べやすいように一か所にまとめてほしい
🐾一気に食べられないので、できれば回数を分けてほしい
🐾寝たまま食べるとせき込んで苦しくなるので、少し起こして食べさせてほしい
🐾食べた後すぐに横になると気持ち悪くなるので少しの間、身体を支えてほしい
🐾食べた後は首がこるから軽く首を揉んでほしい
🐾食べた後、口の周りは拭き取ってほしい
……などなど。

シニアになるとどうしても首が下がりがちになりますし、喉の筋肉も衰えているので、うまく飲み込めなくなります。台を置くだけで楽になったし、ごはんを食べる自分を見てママがとてもうれしそうなんだと、わんこが満足げに伝えてくれました。

余談ですが、ごはんも少しだけ水分が多い方がいいそうです。パサパサだと喉に引っかかるようです。

最適な高さは肩ぐらいの高さです。そして自分で食べたいというわんこにはハーネスを持ってあげて4脚で立って食べさせてあげてください。

うちの子もそうでしたが、最後まで自分で食べたい、トイレも自分で行きたいという意思を持っています。その意思をできる限り尊重してあげてください。

少しの気遣いで食事の時間が楽しい時間になる。その子に合わせた工夫をしてあげてください。

わんこの歩調、わんこの歩幅に合わせて一緒に歩こう

シニアわんこたちに「楽しみはなに？」と訊くと、「お散歩と日光浴」と多くの子が伝えてきます。そして特にゆっくりと歩いたり、地面の感触を感じる、「アーシング」の希望が多いです。

今回のタイトルとは少し異なるかもしれませんが、「アーシング」について希望するわんこが多いので軽く触れますね。

わんこが希望する、アーシングは地面（土、草）に触れること。肉球から地熱、草の感触、全てのエネルギーを感じたい、できれば4脚で感じたいと伝えてきますし、立てないわんこなら、お気に入りのブランケットを敷いたうえで横たわり地面の熱を感じたいと伝えてきます。

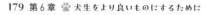

お散歩が難しい寝たきりわんこのお願いは、「バギーに乗ってママやパパと散歩に出かけたい」です。ずっと室内にいるよりは、風、ニオイ、音を感じられるし、気分転換になってうれしい。そしてなによりもママやパパがリラックスしているのを感じられる時間だそうです。

お日さまに干したシーツで寝るだけでもいいと伝えてくれた子もいました。それだけでも太陽のエネルギーは感じられるのでしょう。

あとは部屋に花を飾ってほしい。花の香りを嗅ぎたい。部屋に風を入れてほしいとも合わせて伝えてくれています。お家にいながら、お散歩に出かけたような気分になるからです。

わんこの歩幅については、シニアわんこのママさんのほとんどが「うちの子、最近お散歩が嫌いみたいです。お散歩中によく立ち止まるんです。だから最近行ってません」とおっしゃいます。しかし、当のわんこに聞くと「お散歩は運動じゃなくて、風や音、人の表情、天気なんかを感じるもの。そしてママの感情を感じること」と伝えてくれます。

そう！　老犬のお散歩の目的は運動だけでなく、地熱を感じ、花の香りをかぎ、風の音を聞き、五感でいろんなものを感じとること。だから、立ち止まってぼーっとしているようですが、実は違います。

そんなときは、わんこのそばに座り、わんこと同じ目線になってわんこの肩に手を置いて、「気持ちいいねぇ～。何が見えるの？」と一緒の時間を楽しんでください。歩き出すまで待ってあげてください。

寝たきりで同じ景色ばかり見ている、それってすごくつまらないと思いませんか。想像してください。あなただったらどう感じるかを。

わんこに優しくなれれば、家族にだって優しくなれ、自分にも優しくなれる。

ゆっくり、まったり、歩くといつもの道が違った道に見えてくるから不思議。

是非ゆったりお散歩、楽しんでくださいね。

わんこの歩調に合わせると、意外な発見ができる。わんこと一緒に自然を感じてください。

老犬の夜なきはあなたを愛してるサインなのです

夜に限らずお年寄りわんこは、もぞもぞしながら、吠えるというか、どう表現したらいいか分からない「切ない、悲しい、いらだち」を込めてなきます。

一度でもお年寄りわんこと暮らしたことのある方は、どうしたらなきやんでくれるのか、どうしたら快適に感じてくれるのかが分からず、なんとかしてあげたい想いと解放されたい気持ちと罪悪感が入り交じり、涙した経験があるのではないでしょうか。

私も同じ経験をしています。年寄りわんこだけでなく、祖父祖母を自宅で介護していました。言葉を発するから人間のほうが、たちが悪い、その頃の私はそう感じていました。

「ちょとぉ～ハァ～しんどい」とか「痛い、腰痛い、座らせて、もっと優しくして痛いがな！」と時間を問わず、大きい声で連呼する。そしてベルで呼ぶ。母は疲弊し、私も「ママがかわいそうや！」と祖父母に怒りをぶつけて怒鳴ったことがありました。そうなるともう最悪です。

でもある日、祖父がふと私に「こんな身体になって情けない。ごめんな。忙しいのに呼んで、身体が動かへんから、つまらんねん。テレビも面白くないし、話し相手になってほしい」と話したのです。なんだかすごく切なくなったのを覚えています。

今になって思えば、祖父母も永遠に続くかと思える、痛みとストレスと日々闘っていたのだと思います。もう少し優しくしてあげればよかったと後悔しています。


さて老犬たちも全く同じです。

わんこたちに夜なきのことを伺うと、自分の身体が自由にならないことにいらだちを感じ、ママを笑顔にできていない悲しさ、そして「死なないで、私を一人にしないで」と泣いてすがるボロボロのママに、「まだこんなに動けるから、僕はまだ空に旅立たないよ」と伝えているんだよと静かに教えてくれました。夜なきには、そんないろんな思いが込められています。

だから、夜なきをしているわんこには「ありがとうね」という想いを込めて優しく膝枕をしてあげながら、身体を撫でてあげたり、動きたいといえば、そっとサポートしてあげる。この時間ほどあなたを必要としているときはありません。

旅立ちが目の前に見えてきたこの時期だからこそ、大切に過ごしたいなと私は思っています。

わんこの夜なきは心の叫び。どうかあなたも夜なきせず、身体にそっと寄り添ってあげてください。

わんこがいよいよ旅立つその時に…必ず伝えてほしいこと

旅立ちの日を決めていると多くのわんこから訊きました。肉体の限界ギリギリまで頑張り、あなたの心の準備ができるのを見届けてから旅立つそうです。

多くのわんこから聞いた、最後にあなたとしたいこと、あなたに望むこと、それは「何気ない日常を送ること」です。

あなたと行った、とっておきの広場やあなたが大好きなカフェラテを飲んでいたテラス。「かわいいっ♡」とすれ違う人が声をかけてくれ、あなたがうれしそうに微笑んだ公園。一面にお花が咲いている中で写真を撮った場所。そして毎晩一緒にベッドに寝っ転がった日々。それが最後にしたいことなのです。

私たちはどうしても彼らに特別なことをしてあげたいと思いがちですが、彼らはあなたの笑顔と何気ない日常を過ごしたいのです。

あなたと初めて出会った日、名前をつけてくれた日、首輪やおもちゃ、ドッグランデビュー、あなたにひっついて熟睡した日のことなどを、あなたと一緒に写真を見ながら、振り返りたいと願っています。

そして、わんこは、最後の最後にごはんを食べ、尻尾を振り、歩いて、あなたを喜ばせるギフトをくれます。そして一番大好きなあなたの笑顔を見て旅立つのです。**わんこが心待ちにしている言葉が「ありがとう。もういいよ」や「またね！」です**。この言葉を胸にわんこは安心して肉体から空へと旅立つのです。


2年前に旅立った我が家のわんこは主人のことがとても好きでした。いよいよ旅立つときに私に主人を呼んでほしいと伝え、主人の胸に抱かれて旅立ちました。

そのときのやりとりがこうでした。

「今までありがとう。大好き。また生まれ変わってきてもいい？」

それを主人に伝えると、

「もちろんや。ありがとうな〜。待ってるで。またな！」

泣きながら主人が抱きしめるとハァ～と大きく息を吐き、彼女はお空へ旅立ちました。

そして今、私のそばには彼女のかわいい子どもたちがいます。彼らも大型犬で10歳、人で言えば74歳。

私は幸いにして彼らと話ができていますが、あなたも大好きなわんこと話ができているはずです。耳を澄ませば、きっと彼らの望んでいることが分かるはずです。

その子と過ごせる時間は限られています。

わんこが古い服を脱ぎ捨てて、お空へ旅立つその日まで、毎日毎日を大切に過ごしていきませんか。

わんこはあなたの言葉を待っています。旅立ちのときには「もういいよ。またね」と抱きしめながら声をかけてあげてください。

おわりに

「『お母さんが言っていること、わかるかな？』と言ったらですね、うなずいたんですよ！　で、今、絶対私の気持ちは通じた！　と思えました」。わんこのママさんでもある担当編集の手島さんからのご連絡に「うわぁ〜やったぁ！」と思わず叫びました。

わんこはあなたの家族です。心が通じるのは当たり前。そのことに気づいた方が、また一人増えました。すごく嬉しいです。この本を手に取った、みなさん（とわんこ）が「通じた！」と感じてくださる。想像しただけでワクワクが止まりません！

「和」を重んじる日本人、かの聖徳太子も十七条の憲法の冒頭で「和を以て貴しと為す（和を大事にすること）」と記しています。相手のことを気遣い重んじる、なんだか目の前にいる我が子（わんこ）のようだと思いませんか？　私は思います。

私はアニマルコミュニケーターとして１０００頭以上の動物さんとご家族の心を繋ぐお手伝いをしてきました。動物さんも私たちと同じように悩み、悲しみ、喜びながら私たちに無償の愛を与えてくれていることを知りました。そんな彼らとあなた（ご家族）の心に寄り添いたいと、レイキヒーリングを学び、愛玩動物飼養管理士の資格もとりました。

そんな中、ペットブームの裏で命を軽んじられ、心を閉ざしている動物さんがたくさんいることも知りました。そして、2021年、3万頭以上の犬猫が殺処分されたそうです。

冒頭の漫画でご紹介したように、彼らにも私たち以上に「心と感情」があります。

今の私にできることを考えました。それは彼らの「心の声」をみなさんに届けることです。一人では無理だけど私には頼れる仲間がたくさんいます。たとえばわんことオーナーさんのメンテナンスサロンさん。「恵美子さん、このフードすごくいいよ。食べてみて！」これが衝撃の出会い。「えっ？　犬のフードやろ？」と答えると「自分も食べられへんものをルイたちにあげるん？」人生最大の晴天の霹靂!!　確かに！　と納得。それからは大切な我が子の口に入る物は、原料などを確認するようになりました。

他にもドックトータルボディケア、ドックマッサージ、ドッグトレーナー、ブリーダー引退動物&保健所からレスキューした犬猫の保護活動をされている方、栄養士など、わんこと家族のQOLを考える仲間が私にはいます。それぞれが自分の能力を活かし、みんなが幸せになれる輪を広げようと日々精進しています。本気でこの世に「一石を投じたい」と思っています。

この本に命を吹き込んでくださった手島編集長、事例として紹介することにご快諾くださった皆様、アニマルコミュニケーションと関わるきっかけを作ってくれた我が家の長男長女犬ルイとみどりに感謝しています。

そして一生懸命お話ししてくれたわんこたち、ありがとう。みんなから受け取ったたくさんの伝えたいことを本にしたよ！　ママやパパ、家族がこの本を読み、あなたに声をかけてくれるまでもう少し待っていてね。

動物の命を「物」ではなく、同等の尊い命として考え、当たり前のように彼らと会話をする、そんな世の中になってほしいなと本気で願っています。この本を手に取ってくださり、ありがとうございます。

2023年1月

中川恵美子

著者紹介

中川恵美子　大阪出身。幼少期より動物が大好きで、趣味は動物関連すべて。

アニマルコミュニケーションのパイオニア的存在キャロル・ガーニー氏に師事。

「笑顔になってほしいねん」が口癖のアニマルコミュニケーター。

本書は犬目線で「飼い主にかけて欲しい言葉」の数々を紹介。愛する我が子とより寄り添い合えること、間違いなし！渾身の一冊です。

2023年、アニマルコミュニケーター養成講座、レイキ養成講座、犬と飼い主向けのしつけ教室も開業予定。「もっともっとみんなを笑顔にしたい！」やりまっせ。

アニマルコミュニケーター Rumie
- 公式 HP
- 公式 LINE
- 公式 instagram

いぬからのお願《ねが》い

2023年 2 月 1 日　第 1 刷

著　　者　中《なか》川《がわ》恵《え》美《み》子《こ》

発 行 者　小 澤 源 太 郎

責任編集　株式会社 プライム涌光
電話　編集部　03(3203)2850

発 行 所　株式会社 青春出版社
東京都新宿区若松町12番 1 号 〒162-0056
振替番号　00190-7-98602
電話　営業部　03(3207)1916

印刷　三松堂　　製本　大口製本

万一、落丁、乱丁がありました節は、お取りかえします。

ISBN978-4-413-23290-6 C0095

女40歳からの体調を整える
秒速「ゆる薬膳。」
池田陽子

もしも今日、あなたの大切な人が亡くなったとしたら
思わず涙する22の素敵な見送り方
安部由美子

〝承認欲求〟捨ててみた
他人を恐れない自由な心を手に入れる自己改造法
諸富祥彦

集中力を超える「没入力」を手に入れる
驚くほど仕事が片付く〝深く集中〟する技術
森健次朗

繊細なあなたの「隠れた才能」が目覚める本
7日間で人生がよくなる魔法のワーク
箭内宏紀

青春出版社の四六判シリーズ

ネット時代の
やってはいけない病院・医師選び
五十嵐淳哉　大城堅一［監修］

司書さんもビックリ！
図書館にまいこんだ こどもの大質問
こどもの大質問編集部［編］

リタイア夫の妻たちへ
整えたいのは家と人生 実は夫もね…
市川吉恵

自分を知る練習
人生から不安が消える魔法の自己分析
土谷 愛

87歳ビジネスマン。いまが一番働き盛り
人生を面白くする仕事の流儀
郡山史郎

お願い　ページわりの関係からここでは一部の既刊本しか掲載してありません。
折り込みの出版案内もご参考にご覧ください。